Eɴ Sᴘᴀɪɴ

EN SPAIN

30 Days in Barcelona

Barcelona es
Chic y Clásico
Destino para
Todos Mujeres
Born, Eixample,
Raval, Gótico

PROLOGUE

불과 10년 전만 해도 스페인 바르셀로나는 한국 사람들한테 잘 알려지지 않았고 여행자도 많지 않았다. 지금도 이곳에 처음 왔을 때의 어색하고 낯선 느낌이 너무도 선명하다.

그때의 나는 도전을 두려워했고 처음 가거나 경험해보지 않은 것을 먹고, 좋아하지 않는 사람을 만나는 것 등 모든 것이 버거웠다. 그런데 여기서 살면서 조금씩 바뀌어가는 게 아닌가. 자연스럽게 주변 나라도 여행하고 미처 알지 못했던 내 안의 모험심이 깨어나는 것을 느낀다. 이제는 새로운 것을 즐기고 내면의 것을 표현해내는 자신을 발견한다.

한국에서는 그런 기회가 없었기 때문일까? 어쩌면 낯선 곳에 머물면서 오로지 나 자신한테만 집중할 수 있어서 가능했을지도 모르겠다.

낯선 도시는 나를 변화시켰고 나는 점점 여기 바르셀로나와 사랑에 빠졌다. 하지만 여행이 아니라 생활이었기에 언제나 사랑스럽기만 한 건 아니었다. 언어와 문화가 다른 그들과 더불어 살아가는 것이 생각처럼 녹록하지도 않았다.

이곳은 한없이 부드럽고 따뜻한 햇살, 새하얀 구름, 파란 하늘만 쳐다봐도 행복해지는 곳이 틀림없다. 스페인 사람들은 늘 친절하고 활기가 넘친다. 어떤 날은 이런 바르셀로나가 한없이 좋고 느릿느릿 여유 있는 이곳 사람들이 건강하게 느껴진다. 그러다가도 또 어느 날은 활기찬 분위기가 시끄럽고 사람들의 느긋함 때문에 속이 터지기도 한다.

얼마 전 근처에 있는 나라로 유학을 떠나기로 결심했다. 이것저것 정리하다 보니 왜 그렇게 마음이 심란하고 아쉬운지! 그때

Vivir como el viaje
Viajar como la vida diaria

출판사에서 바르셀로나에 관한 책을 써보자는 제안을 해왔다. 책을 쓴다는 게 한번도 해보지 않은 작업이라 두려운 마음이 없지 않았지만, 일단 해보기로 했다. 이곳을 떠나기 전 작별 인사를 제대로 나누라고 내게 운명처럼 찾아온 기회 같았기 때문이다.

덕분에 한동안 가보지 못했던 바르셀로나 곳곳을 둘러보며 여행자처럼 머물 수 있는 기회가 되었다. 애증의 도시였던 바르셀로나에 좋은 기억만 가득 남기고 떠날 수 있게 되어 고맙다. 마침 '휴식'이 절실했던 한국에서 날아온 친구와 함께했기에 아름다운 추억을 많이 남길 수 있었다.

이 책에는 어디에나 소개되었던 유명 관광지는 생략했다. 내가 생활하면서 자주 가는 곳, 스페인을 떠나기 전 꼭 다시 찾고 싶은 곳을 위주로 소개했다. 잘 알려지지는 않았지만 나만 알기에는 아까운 바르셀로나 구석구석과 바르셀로나와는 다른 매력을 가진 근교 도시도 소개했다. 독자분들이 현지인의 문화를 제대로 느껴볼 수 있기를 바란다. 뻔한 여행이 아닌 색다른 여행을 꿈꾸는 분들에게 조금이라도 도움이 된다면 더 바랄 게 없을 것이다.

바쁜 일상에서 휴식이 절실하거나 여행을 떠나지 못하지만 잠시라도 여행의 기분을 느끼고 싶은 분들을 생각하며 사진을 고르고 글을 정리했다.

독자 여러분이 〈En Spain〉의 책장을 넘기는 순간 나와 함께 스페인에 머물러 있는 듯한 느낌을 받을 수 있기를 바란다. 이 책이 지친 일상에 조금이라도 위안이 된다면 진심으로 감사하다.

2018년 초여름 **도은진**

CONTENTS

PROLOGUE 006

Born & Montjuic

Dia 1. 설레고 설레는 날 010

Dia 2. 바르셀로나의 햇살은 무언가 특별하다 016

Dia 3. 보른의 느낌 있는 숍 024

Dia 4. 스페인 사람처럼 느리게 살아보기 036

Dia 5. 몬주익 언덕에서 피크닉을 046

Dia 6. 여행지에서의 시간은 왜 더 빨리 지나가는 걸까? 054

Gótico & Raval & Sitges

Dia 7. 고딕 지구에서는 라탄 쇼핑을 064

Dia 8. 오래된 골목이 건네는 따스한 위로 072

Dia 9. 어떤 모자를 좋아하세요? 084

Dia 10. 유쾌하고 흥이 넘치는 스페인의 식사 시간 094

Dia 11. 일요일은 일요일답게 100

Dia 12. 시체스로 떠난 기차 여행 110

Dia 13. 만남이 있으면 헤어짐도 있는 법 122

Dia 14. 나만 알고 싶은 장소 산 펠리프 네리 광장 132

Dia 15. 미로 같은 골목골목을 찾아다니는 재미 146

Dia 16. 10년이 지나도 한결같은 곳 154

Eixample & Gracia

Dia 17. 하몽 이베리코에 스페인 와인 한잔   168

Dia 18. 일요일의 정적을 깨우는 팔로 알토 마켓   176

Dia 19. 건물 꼭대기 층 햇살 가득한 에어비앤비 아파트   184

Dia 20. 온종일 테라스에 머물고 싶은 날   194

Dia 21. 가우디의 카사밀라에서 황홀한 식사를   202

Dia 22. 인공적인 건축물과 드넓게 펼쳐지는 파란 하늘의 조화   214

Dia 23. 비밀의 정원에서의 식사는 어떤가요?   222

Dia 24. 바르셀로나에서 가장 높은 곳으로   230

Dia 25. 엄마의 집밥이 생각나는 날   242

Dia 26. 아기자기한 로컬 숍이 가득한 그라시아 산책   246

Girona & Cadaques

Dia 27. 선물 같은 지로나의 시간   258

Dia 28. 어촌을 닮은 작고 소박한 카다케스   270

Dia 29. 비 오는 날은 비 오는 날대로   280

Dia 30. 아스타 루에고 Hasta Luego   290

EPILOGUE   294

Dia 1.

설레고
설레는 날

Vivir como el viaje
Viajar como la vida diaria

Dia 1.

Vivir como el viaje
Viajar como la vida diaria

Bien Venido
en Barcelona

외국에 오래 살다 보면 어느 날 문득 극심한 외로움이 찾아온다.
이제는 그런 감정조차 익숙해져서 외로움과 친구가 되었다. 그 외로움이라는 친구가 아닌 나의 진짜
오래된 친구가 먼 길을 떠나 나를 찾아온다.
그녀는 자신만을 위한 힐링의 시간이 필요했는지, 캐리어 하나만 달랑 들고 무작정 떠났다고 했다.
그리운 친구와 함께 보물 같은 곳곳을 돌아다닐 생각을 하다 보니 잠을 설쳤고, 기대와 설렘 속에
친구를 기다리고 있다.
공항에서 친구를 기다리는 시간이 너무나 더디게 흘렀다. 10분쯤 지났겠지 싶어 시간을 확인하면
고작 1분밖에 지나지 않았다. 그렇게 시간이 흘렀고, 나는 반가운 친구와 마주했다.

택시를 타고 야경을 감상하다 보니 어느덧 숙소에 도착했다.
친구의 이번 여행 목적이 휴식인 만큼 숙소를 선정하는 첫 번째 기준은
가슴을 시원하게 할 전망이 탁 트인 곳이었다.
스페인 특유의 컬러풀한 타일 바닥이 시선을 끄는
이곳은 서정적인 인테리어가 무엇보다 돋보인다.
앞으로는 항구가 있고, 저 멀리 몬주익 언덕이 보이는
보른 지구와 해변가 사이에 있는 아파트로
빛이 가득 들어오는 화사한 분위기가 편안하게 다가왔다.

Vivir como el viaje
Viajar como la vida diaria

Apartment Info.

Reservation: www.airbnb.com
Price: 1박 140유로 내외

Dia 2.

바르셀로나의 햇살은
무언가 특별하다

Dia 2.

낯선 곳에서 맞이한 아침은 지극히 평화롭다.
밤새 푹 잤는지 아침 일찍 눈이 떠졌다.
어쩌면 눈부신 햇살 때문에 저절로 눈이 떠졌는지도 모르겠다.
이곳의 햇살은 뭔지 모르게 다르게 느껴진다.

언젠가 이런 말을 들은 적이 있다.
"바르셀로나는 태양을 받는 각도가 다른 지역과 달라. 그래서일까.
이곳에서는 햇빛을 받는 것만으로도 행복하다는 생각을 하게 해."
증명된 사실은 아니지만, 나 역시 막연하게 그런 느낌을 갖는다.
그만큼 이곳에서의 햇살은 뭔가 특별하다.
사람을 기분 좋게 해주는 뭔가가 분명 존재한다고나 할까.

우리는 한참을 테라스에 있었다.
그러다 문득 배가 고프다는 생각이 들었다.
아파트 앞 마트에서 요기를 할 만한 먹거리를 사왔다.
지극히 소박한 식탁이지만, 이런 풍경 앞에서는
크루아상과 라테 한잔으로도 행복하다.

Vivir como el viaje
Viajar como la vida diaria

Vivir como el viaje
Viajar como la vida diaria

아파트에서 걸어서 10분 거리에 있는 보른 지구로 향했다.
파리에 마레 지구가 있다면 바르셀로나에는 보른 지구가 있다.
그 유명한 피카소 미술관과 큰 공원이 있으며 많은 사람들로 북적거리는
테라스 카페, 타파스바, 편집매장 등 젊은이들이 좋아할 만한 모든 것이 모여 있다고 해도 과언이 아니다.
골목골목 어디를 가도 숨은 매력이 넘쳐나는 보물 같은 동네가 분명했다.

보른 지구를 반짝반짝 빛내는 곳은 시우타데야 공원으로 바쁜 일상에서 잠시 쉬어 갈 수 있는
바르셀로나의 오아시스라 할 수 있다. 이곳에서는 시간이 느리게 흐른다.
나는 이곳에서 느리게 흘러가는 시간을 바라보곤 한다. 동화의 한 장면을 떠올리게 하는 파라다이스라고나 할까.
나는 그곳에서 아이들과 함께 뛰어놀기도 하고 산책하고, 운동하고, 누워서 낮잠을 자고 점심을 먹곤 했다.
그날도 우리는 벤치에 앉아 멍하니 흘러가는 시간을 바라보며 한참을 그냥 앉아 있었다.

Parc de la Ciutadella 파르크 데 라 시우타데야
Add: Passeig de Picasso 21, 08003, Barcelona

Dia 2.

Vivir como el viaje
Viajar como la vida diaria

스페인에 온다면 누구라도 타파스와 맥주를 맛봐야 한다.
보른 지구에서는 타파스의 하나인 핀초스Pinchos가 특히 유명한데,
가볍게 먹기 좋으며 다양한 맛을 즐길 수 있다.

오늘은 바르셀로나에서 첫째 날이라 햇살을 마음껏 즐기고 싶었다.
테라스에 하염없이 앉아 있고 싶었다.
온갖 토핑이 잔뜩 올라간 핀초스와
맥주 한잔만으로도 바르셀로나를 만끽할 수 있다.

뜨거운 햇빛과 맥주로 우리의 얼굴은 달아올랐고 제법 배도 불렀다.
그래서인지 한참을 꾸벅꾸벅 졸았다.
"그래! 우리한테는 시에스타(오후의 낮잠)가 필요한 거야."

우리는 아파트로 돌아가 아주 달콤한 시에스타 시간을 가졌다.

La Taverna del Born

Add: Passeig del Born 27-29, 08003, Barcelona
www.latavernadelborn.com

보른 지구의 타파스 맛집

Bastaix 바스타익스
퓨전식 타파스를 맛볼 수 있는 곳으로 맛도 좋고 캐주얼한 분위기가 신선하다.
Add : Plaza del Possar de les Moreres 5, 08003, Barcelona
Instagram: @bastaixbcn
www.bastaix.com

Calpep 칼뻽
전통적인 분위기가 묻어나는 타파스바Bar로 오픈하기 전부터
웨이팅이 길게 늘어서 있다.
Add : Plaza de les Olles 8, 08003, Barcelona
Instagram: @calpepbcn
www.calpep.com

Dia 3.

보른의
느낌 있는 숍

Vivir como el viaje
Viajar como la vida diaria

(E)

Dia 3.

Vivir como el viaje
Viajar como la vida diaria

전날 여유로운 시간을 보내서인지 아침부터 컨디션이 좋다.
우리는 가볍게 산책을 나가기로 했다. 아파트에 있는 브런치 카페에서
커피를 테이크아웃해서 바르셀로네타 해변까지 천천히 걸었다.
아침 바람이 약간 쌀쌀하게 느껴졌지만, 햇살은 마냥 부드러웠다.
"이런 차림으로 주변을 의식하지 않고 걸어본 게 언제인지 모르겠어."
그렇게 말하는 친구의 표정에서 편안함이 느껴졌다.

해산물 식당이 보이기 시작하는 것을 보니 해변이 점점 가까워지고 있다.
저 멀리 바르셀로네타의 수평선이 보인다!
끝없이 펼쳐진 은빛 바다와 눈부신 해변은 우리의 마음까지 반짝반짝 빛나게 했다.
지중해의 푸른 물빛을 보고 있으려니 그야말로 아무 생각이 없다는 말을 실감할 수 있다.
지금 이 상태를 다르게 표현하면, 마음이 한없이 편하다는 것일 테다.

Barceloneta Beach 바르셀로네타 비치
Add: Passeig Maritim de la Barceloneta, 16, 08003, Barcelona

Dia 3.

Vivir como el viaje
Viajar como la vida diaria

Otro Dia
El Camino
a la Playa

Dia 3.

Vivir como el viaje
Viajar como la vida diaria

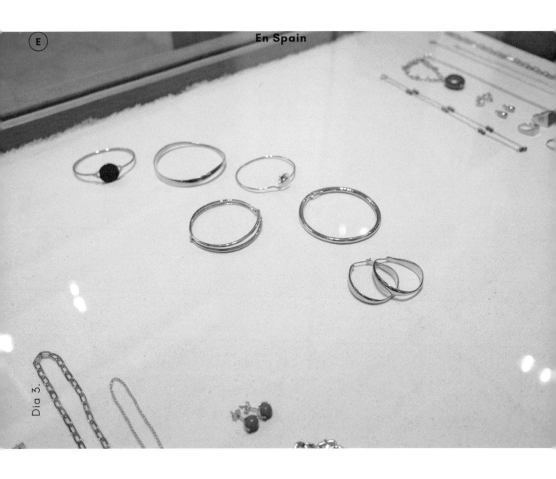

Dia 3.

아침도 든든하게 먹고, 산책도 했겠다 슬슬 쇼핑을 즐길 시간이다.
이곳은 스페인의 유명 디자이너 숍이 꽤 많다. 어디에서도 쉽게 볼 수 없는
주얼리와 신발, 의류 브랜드가 골목골목 곳곳에 포진해 있다.
꼭꼭 숨어 있는 숍을 찾아다니는 재미야말로 여행의 진정한 맛이 아닐까.
나는 여행을 가면 그곳에서만 볼 수 있는 모자나 액세서리 등을 꼭 구입하는 편이다.
내가 좋아하고 추천하는 브랜드는 엘레나 로네르Helena Rohner인데,
골드나 실버를 소재로 미니멀한 디자인이 돋보인다. 거의 대부분 내가 좋아하는 디자인이라
숍에 들어서는 순간부터 두 눈이 호사를 즐긴다.

Helena Rohner
Add: Carrer de L'espaseria 15, 08003, Barcelona
Instgram: @helenarohner
www.helenarohner.com

Doris' Style Tip

나는 사계절 내내 심플하면서 볼드한 골드 링을 즐겨 하는데,
봄과 여름에는 목걸이나 팔찌로 포인트를 주는 편이다.
트렌디한 디자인이 아니라 클래식하면서 심플한 주얼리를 좋아하는 이유는
한번 구입하면 질리지 않고 오래도록 착용할 수 있기 때문이다.

Dia 3.

Vivir como el viaje
Viajar como la vida diaria

이곳을 시작으로 우리는 쇼핑 삼매경에 빠져들었다.
쇼핑에서 빼놓을 수 없는 가방 디자이너 브랜드
베아트리 푸레스트Beatriz Furest.
이 브랜드는 가방뿐만 아니라 구두, 지갑 등의
소품을 비롯해 다양한 의류까지 선보인다.
특히 이곳은 가죽의 질이 좋기로 유명한데,
캐주얼하고 실용적인 디자인으로 탐나는 애들이 많다.

Beatriz Furest
Add: Carrer de L'esparteria 1, 08003, Barcelona
Instgram: @beatrizfurest

뭔가 머리를 쓰고 몰두하다 보면 달달한 것이 먹고 싶어진다.
이곳에 오면 참새 방앗간처럼 들르는 호프만Hofmann을 빼놓을 수 없다.
호프만은 요리 학교, 레스토랑, 베이커리, 카페 등을 운영하는데,
요리대회에서 최고로 맛있는 크루아상으로 선정될 만큼 크루아상이 유명하다.
나는 이곳의 마스카포네 크림 크루아상과 시나몬 롤을 특히 좋아하는데,
우리는 먼저 베이커리에서 내일 먹을 빵을 샀다. 그러고는 옆에 있는 카페에서 커피와 시나몬 롤,
마스카포네 크림 크루아상을 먹으며 세상에서 가장 행복하고 달콤한 시간을 보냈다.

Hofmann
Add: Carrer dels Flassaders 44, 08003, Barcelona(베이커리)
Carrer dels Flassaders 40, 08003, Barcelona(카페)
Instagram: @hofannbcn

Dia 4.

스페인 사람처럼
느리게 살아보기

Vivir como el viaje
Viajar como la vida diaria

Dia 4.

Vivir como el viaje
Viajar como la vida diaria

일요일이 되면 내가 할 것 혹은 할 수 있는 것이 많지 않다는 사실이 정말 고맙다. 우리는
일요일인 오늘 피카소 미술관 딱 한 군데만 가기로 했다. 오늘 같은 날에는 클래식하면서도
우아한 차림이 끌린다. 나는 블랙 원피스를 입고 구두는 무겁지 않게 가볍고 편한 걸 골랐다.
머리를 푸는 것보다는 살짝 묶는 게 어울릴 것 같아서 자연스럽게 묶고 귀고리로 포인트를 줬다.
세상의 모든 여자가 그럴 것이다. 그날 입은 스타일이 마음에 들면 하루 종일 발걸음이 가볍다.

우리는 집을 나서서 피카소 미술관으로 향했다.
미술관은 사진 촬영이 불가능했는데 사진 촬영이 가능해도 나는 사진기를 꺼내지 않았을 것이다.
그만큼 작품에 푹 빠져들었으니까.
이곳 피카소 미술관에는 피카소의 유년 시절과 23세 이전의 청년 시절 그리고 파리 생활을 정리하고
돌아와 말년에 그렸던 그림이 전시되어 있다. 작품뿐만 아니라 미술관의 건물 자체도 운치 있어 내가
참 좋아하는 장소다.

E

Dia 4.

Museo Picasso de Barcelona

피카소 미술관은 매달 첫 번째 일요일에 무료로 관람할 수 있다.
목요일에도 18:00~21:30에는 무료 관람이 가능하다. 하지만
무료 관람인 만큼 이른 아침부터 어마어마하게 늘어선 줄은 감수해야 한다.
그러니 웹사이트에서 무료 입장 예약을 하고 가는 게 좋다.

Add: Carrer Montcada 15~23, 08003, Barcelona
Instagram: @museupicasso
www.museupicasso.bcn.cat

Vivir como el viaje
Viajar como la vida diaria

Dia 4.

Vivir como el viaje
Viajar como la vida diaria

Un Luger
Significativo
Para Mi

미술관에서 감성을 충전한 우리는 카페인을 충전하기 위해 근처 카페로 향했다.
보른 지구 중심의 파세이그 델 보르네Passeig del Borne 거리 중간에 엘보른Elborn 카페가 있다.
나는 처음부터 이 카페가 좋았다. 강아지와 함께 들어갈 수 있고 아주 좁은 예전 모습을 그대로 간직하고 있기
때문이다. 항상 현지인들로 북적이며 빈티지한 분위기가 마음을 편하게 해준다. 커피를 마시기에도 적당하고,
저녁에는 상그리아 와인이나 칵테일을 즐겨도 좋다.
보른 지구를 좋아하는 내게 이곳은 정말 특별하다.
그래서 나의 브랜드 이름도 엘보른ＥＬＢＯＲＮ으로 정했다. 엘보른은 내게
소중한 보물이자 아주아주 잘해내고 싶은 소중한 그 무엇이다.

우리는 카페 코르타도와 크루아상을 주문했다. 여기 사람들은 아메리카노를 거의 마시지 않는다.
아침에는 주로 카페라테인 카페 콘 레체Café Con Leche를 마시고, 점심 전후나 간식을 먹을 때는 에스프레소
마키아토라 할 수 있는 카페 코르타도café Cortado나 에스프레소인 카페 솔로Café Solo를 즐겨 마신다.
나도 10년 전 이곳에 오기 전까지는 커피를 마시면 잠을 잘 못 자고, 커피를 즐기지 않았다. 하지만 물보다
커피가 싸고, 커피가 너무 맛있고, 일상적으로 커피를 마시기 때문에 지금은 매일 두세 잔을 마시고 있다.

그런데 재미있는 사실은 스페인 아니 유럽에서는 아주 뜨거운 한여름에도 아이스커피가 없다는 것이다.
아이스커피를 마시고 싶을 때는 커피와 얼음을 따로 주문하면 된다. 그런데 대부분 얼음을 한 조각만 줘서
당황스럽고, 그래서 결국에는 미지근한 커피를 마실 수밖에 없다.
얼음을 두세 개 주는 카페라면, 당연히 감사할 노릇이다.

Bar Elborn
Add: Passeig del Born 26, 08003, Barcelona
Istagram: @barelborn

Dia 4.

**보른 지구에서 꼭 맛봐야 하는
또 다른 로스팅 전문 카페**

일요일에는 영업을 하지 않지만 1989년에 오픈해 3대째 운영하고 있는
카페스 엘 마그니피코Cafes El Magnifico는 테이블은 따로 없고
원두를 판매하며 테이크아웃만 가능하다.
바르셀로나에서 가장 맛있는 커피를 맛보고 싶은가?
당연히 카페스 엘 마그니피코가 정답이다.
이곳 현지인들이 모닝커피를 마시기 위해 찾는 곳으로 나도 아침에
강아지와 함께 산책하면서 여기 커피를 마신다.
카페라테가 정말 맛있으며 미디엄 사이즈가 2.5유로로 한국에 비하면 가격도 착하다.

Cafes El Magnifico
Add: Carrer de L'argenteria 64, 08003, Barcelona
Istagram: @cafeselmagnifico

Vivir como el viaje
Viajar como la vida diaria

내가 처음 스페인에 왔을 때는
일요일이 되면 이런 분위기가 낯설고 적응되지 않아 정말 당혹스러웠다.
집 밖을 나서면 영화의 한 장면처럼 온 세상이 정지되어 있는 듯 적막함마저 감돌았다.
세상의 모든 상점이 문을 닫았다고 상상해보라. 어디를 가도 심심한 그 자체였다.

그런데 지금은? 이렇게 느린 일요일이 너무나 감사하다.
하루 종일 가족들과 함께하며 시계나 핸드폰을 보지 않아도 되고
온전히 나 자신에게 집중해 휴식을 취할 수 있다.
여행에서도 마찬가지다. 일요일에는 좀 더 느긋하고 천천히 시간을 보내도 좋다.
여행에서의 재충전도 필요하기 때문이다.

Dia 5

몬주익 언덕에서
피크닉을

Vivir como el viaje
Viajar como la vida diaria

날씨가 너무 좋다.
"오늘은 뭘 할까?" 나의 말에 친구가 대답했다.
"날씨가 시키는 대로 하면 되지 않을까?"
말이 안 되는 말 같지만, 오늘은 날씨에 따라 발길 닿는 대로 움직이기로 했다.

우리는 반짝이는 햇살을 즐길 수 있는 곳으로 가기로 했다.
눈이 시리도록 파란 하늘을 마음껏 바라보고,
뜨거운 태양 아래에서 바르셀로나를 온몸으로 즐기기 위해서 말이다.

몬주익은 '눈물의 언덕'이라 불리기도 하는데, 그만큼 가슴 아픈 역사가 있는 곳이다.
하지만 지금은 과거의 상처는 찾아볼 수 없을 만큼 마냥 아름답고 푸르른 모습이다.
몬주익을 제대로 즐기기 위해서는 추운 겨울보다는 여름에 가보길 권한다.
녹음이 일상에 지친 사람들의 마음을 어루만져주기 때문이다.

이곳을 찾은 사람들은 대부분 몬주익 언덕 끝에 있는 몬주익 성까지
올라간다. 하지만 우리는 날씨가 시키는 대로 하기로 했으니, 몬주익
언덕의 중간쯤 있는 미라마르Miramar 테라스로 향했다.
언덕을 올라가는 데도 날씨가 더워 살짝 땀이 났다. 하지만 그 정도의
고생은 몬주익이 주는 보상에 비하면 아무것도 아니었다.

Dia 5

Vivir como el viaje
Viajar como la vida diaria

미라마르 테라스는 우리의 기대를 저버리지 않았다. 말 그대로 동화 속 풍경이 우리를 반겼다. 더욱이
전망이 가장 근사한 자리에 앉을 수 있는 행운까지 따라줬으니 날씨만큼이나 우리의 기분도 최고조에
달했다. 파란 하늘과 어우러진 상그리아와 타파스를 먹고 마시며 우리는 세상에서 누릴 수 있는
최고의 호사를 맘껏 즐겼다.
우리만큼이나 햇살과 여유, 바르셀로나의 전망을 원하는 사람이 많았는지 한번 자리를 잡은 사람들이
도통 일어날 생각을 하지 않았다. 덕분에 우리도 눈치 보지 않고 바르셀로나의 시가지와 지중해를
바라보며 끊임없이 말과 말의 향연을 이어갔다.
그러다 친구는 종종 아무 말 없이 생각에 잠기곤 했다. 그런 그녀의 얼굴에서 평온함이 스쳐 지나갔다.

Terraza Bar del Miramar

Add: Carretera de Montjuic, 08038, Barcelona
Open: 10:00~20:00

E

바르셀로나에서 타파스가 가장 맛있는 맛집을 꼽으라면 단연 키메트&키메트Quimet&Quimet이다.
관광객뿐만 아니라 현지인들도 즐겨 찾는 부동의 랭킹 1위를 지키고 있는 타파스로 유명한 가게다.
지인들이 오면 반드시 데려가는 곳으로, 주문과 동시에 신선한 재료를 이용해 그 자리에서 만들어주는
타파스를 처음 맛본 순간 새로운 세계를 경험하는 듯했다.

맛에 비해 가격이 너무나 착해서 또 한 번 놀랐다. 이곳의 대표 메뉴는 '몬타디토스Montaditos'로 바삭한
빵 위에 다양한 재료를 얹어 주는데, 타파스의 무궁무진한 맛을 즐길 수 있다는 것에 높은 점수를 주고 싶다.
가게를 오픈하는 시간에 맞춰 미리 가지 않으면 기나긴 웨이팅으로 몸과 마음이 고달프기도 한데,
안 그래도 서서 먹어야 하기 때문이다. 나는 언젠가 오픈 시간 전에 가서 저녁 7시에 땡 하자마자 들어가
추천 메뉴인 연어+요거트 크림+트러플 버섯꿀의 조합을 시작으로 새우와 캐비아를 먹었다.
그날 우리는 몬타디토스를 양껏 먹고, 화이트 와인 한 잔, 카바 두 잔을 마셨는데도 30유로 조금 넘게 나와
흐뭇했던 기억이 난다. 오늘 우리는 스페인 선술집에서 하루를 마감하며 작은 행복에 취해본다.
사소한 것에도 한없이 즐거워하는 우리 모습에 또다시 감사해하며….

Quimet&Quimet
Add: Carrer del Poeta Cabanyes 25, 08004, Barcelona

Vivir como el viaje
Viajar como la vida diaria

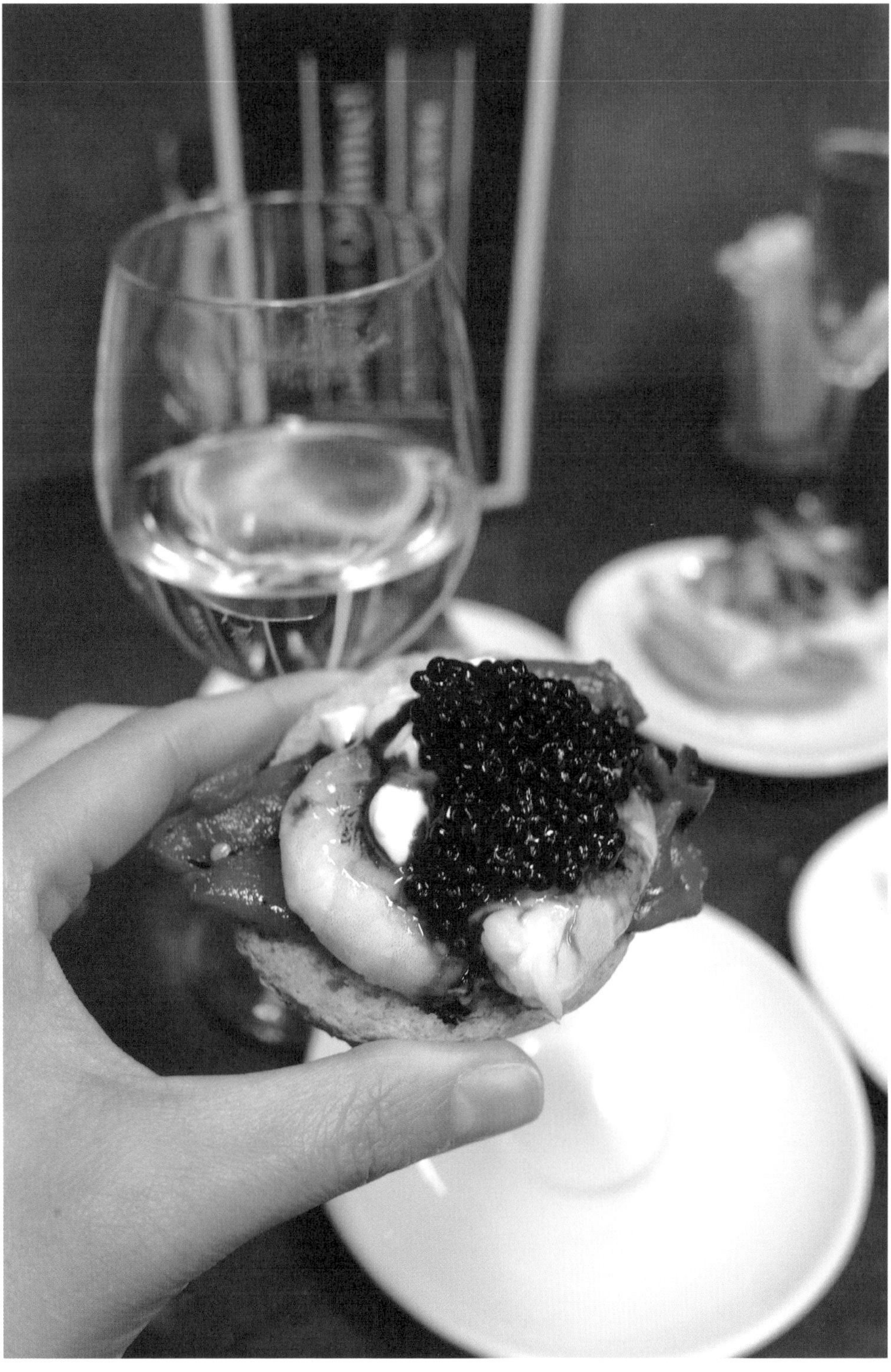

(E)

Dia 6.

여행지에서의 시간은
왜 더 빨리 지나가는 걸까?

Dia 6.

아침에 눈을 뜨자마자 느닷없이 꽃을 사러 가야겠다는 생각이 들었다. 나는 여행을 가도 꽃집을
찾아 다니고, 여행지에서 마주하는 꽃 한 송이에도 설레곤 한다. 친구와 함께하는 이곳에 꽃이 있다면
더할 나위 없이 공간이 풍성해질 것 같았다.
유럽에서는 길거리를 걷다 보면 곳곳에서 꽃집을 발견할 수 있다. 특별한 날이 아니어도 친구들한테
꽃을 선물하고 친구 집에 갈 때도 꽃을 가져가는 경우가 많다. 꽃이 일상화되었다고나 할까.
꽃은 사람의 마음을 무장해제시키는 묘한 힘이 있다. 꽃을 앞에 두고 화를 내는 사람을 보지 못했다.
꽃을 마주하면 그 꽃이 내게 상냥하고 온화하게 묻는다.
"오늘 하루 힘들지 않았니? 내가 너를 위로해줄게."
그래서 나는 꽃을 즐기는 여유로운 이곳 사람들이 좋다.
고딕 지구를 천천히 걸어서 람블라스 거리에 도착했다.
람블라스 거리는 온통 꽃들의 향연이 펼쳐져 있다. 수많은 꽃집 가운데 웃는 모습이 너무나 예쁘고
상냥한 주인 아주머니와 눈이 마주쳤다. 그녀가 추천하는 꽃을 한 다발 사고 나서
이야기보따리를 꺼내놓듯 대화를 나누는 내내 너무 즐거웠다,
살다 보면 처음 만났는데도 왠지 정감이 가고 기분이 좋아지는 사람이 있다.
자주 만나고 싶고 내 모든 것을 꺼내 보이고 싶은 그런 사람도 있다. 문득 그렇다면 나는 어떤
사람일까 하는 생각을 해본다. 나는 상대에게 좋은 기운을 전달하는 사람일까?

람블라스 거리 끝까지 걸어 내려오면서 친구에게 물었다.
"너는 어떤 사람이 되고 싶어?"
나의 질문에 친구는 배시시 웃으며 "글쎄…" 하고 말끝을 흐렸지만 나는 그녀의 목소리에서 알 수
있었다. 우리 모두 주변에 긍정적인 기운을 주고 밝게 살고 싶다는 것.
1 더하기 1은 2처럼 눈에 보이는 결론을 낼 수는 없지만, 나 자신부터 행복한 사람이 되어야 한다.
그날 우리는 콜럼버스 동상 아래 앉아 소소한 생각을 주고받으면 자신을 되돌아보고 있었다.
혼자가 아니라 누군가와 함께 있다는 사실에 문득 감사하고 싶었다.
그런데 그 누군가가 멀리서 날 찾아온 친구라서 더 행복했다.

Vivir como el viaje
Viajar como la vida diaria

시간은 때로는 정지되어 있는 듯 아주 천천히 흐른다.
그런데 여행지에서의 시간은 왜 이리 빠르게 지나가는 걸까?
"이렇게 흘러가는 시간이 너무나 아까워. 제발 가지 말라고 잡고 싶은 심정이야."

투덜거리는 친구를 위로하며 내가 자주 가는 브런치 카페 페데랄Federal로 향했다.
내가 가는 카페는 대부분 강아지의 출입이 허용되고 따스하게 손님을 맞이하며 무엇보다 음식 맛이
좋다. 어쩌다 한 번 특별한 날에만 입는 게 아니라 편한 일상복처럼 아무래도 마음이 편안한 곳을
자주 찾기 마련이다. 페데랄은 음식도 맛있지만, 뭔가 수다스럽고 생동감 넘치는 분위기가 마음을
편안하게 만든다. 또 직원들이 얼마나 친절한지 모른다. 특별할 거 없는 브런치, 크루아상, 커피,
주스만으로도 일상이 행복해지는 이곳을 어찌 안 좋아할 수 있을까.

우리는 아보카도 토스트와 에그 베네딕트, 그린 주스, 달콤한 밀크 셰이크가 나오자마자
순식간에 해치우고 말았다. 거리를 오가는 사람들을 구경하는 것만으로도 시간 가는 줄 모를 만큼
즐거웠던 그 순간을 아직도 기억한다.

Federal Café

Add: Passatge de la Pau 11, 08002, Barcelona
Instagrm: @thefederalcafe
www.federalcafe.es

Dia 6.

꽃으로 아침을 시작하고, 맛있는 점심에 커피까지 해결하고 나니 집에 가서 먹을
음식을 사야겠다는 생각을 했다. 다시 보케리아 시장으로 발길을 돌렸다.

내려온 길을 걸어 올라가다 보니 미처 보지 못했던 새로운 것들이 보였다. 인생은 이런 것일까.
모든 것을 알고 있다고 생각했던 가족에게서 전혀 뜻밖의 모습을 보았을 때처럼 말이다.
근 10년을 살았는데도 낯설고 새로운 곳이 보인다. 충분히 알고 있다고 생각했는데 뒤통수를
한 대 얻어맞은 것처럼 새롭게 다가오는 도시가 바르셀로나다.
하늘을 찌를 듯한 고딕양식의 건물과 그 사이로 보이는 독특하고 매력 넘치는 가우디의 수많은 작품,
울퉁불퉁한 돌길, 그 돌길을 걷는 수고로움을 충분히 보상해주는 해산물 요리, 타파스, 파에야,
상그리아, 맥주 등. 매 순간 새로움을 경험하게 해주는 개성 있고 자신만의
색깔을 지닌 바르셀로나를 어찌 사랑하지 않겠는가!

오래된 시장 중 하나인 보케리아 시장은 관광객도 많지만,
현지인들이 지금도 장을 보는 곳이다. 나도 고기와 과일, 야채를 사러 보케리아 시장에 자주 간다.
그런데 현지인은 시장 입구에서 물건을 사는 게 아니라 뒤쪽에 있는 가게에서 장을 본다. 알록달록한
모습으로 사람들의 시선을 잡아 끄는 과일을 비롯해 와인, 하몽, 올리브 오일, 향신료 등 온갖
식재료를 구입할 수 있으니 뒤쪽을 꼼꼼히 둘러보면 좋다.

La Boqueria
Add: La Rambla 91, 08001, Barcelona
Open: 08:00~20:30
(일요일 휴무, 오후 8시 30분에 폐점하지만 대부분 일찍 문을 닫으니 7시 전에는 가는 게 좋다)

Vivir como el viaje
Viajar como la vida diaria

E

Dia 6.

Vivir como el viaje
Viajar como la vida diaria

바르셀로나 사람들의 저녁 식사는 매우 늦다. 많은 레스토랑이 저녁 8시나 8시 30분부터 시작해
자정까지 운영한다. 대략 9시나 10 시 사이에 저녁 식사를 한다고 보면 된다.
나도 처음에는 이 문화가 낯설어서 적응되지 않았다. 친구들과 늦게 저녁을 먹고 나면 소화도 안 돼
힘들었다. 그런데 지금은?
늦은 시간이라도 천천히 많은 이야기를 나누면서 먹어서 그런지 이런 문화도 즐겁다.
자정이 넘어도 먹고 마시고 왁자지껄한 이곳 사람들은 정말 흥이 많다.
그래서 항상 유쾌하게 살아가는 것인지도 모르겠다.

우리는 오늘 현지인처럼 지내보기로 작정하고 근사한 식당을 물색했다.
내가 좋아하는 전통 스페인식 레스토랑인 7 포르테스Portes로 갔다.
식사 시간에 가면 엄청난 줄이 기다리고 있는데, 오늘은 조금 일찍 7시쯤 갔더니 한산해 보였다.
바르셀로나에서 가장 역사가 오래되고 현지인을 비롯해 관광객 모두에게 사랑받는 곳이다.
파에야도 유명하지만, 나는 홍합 요리와 티본 스테이크를 좋아해서 자주 가곤 했다.
신선도가 생명인 홍합에 달콤 짭조름하게 졸인 토마토 소스를 곁들인 홍합 요리는 최고의 맛을
선사했다. 달군 돌판 위에 스테이크를 올리자 지지직 요란한 소리와 함께 고기가 알맞게 구워졌다.
먹는 내내 고기가 식지 않아 더 맛있게 먹을 수 있었다.
우리의 만찬은 달콤한 상그리아와 함께 시간 가는 줄 모르고 계속됐다. 정말 '아름다운 밤'이었다.

7 Portes

Add: Passeig D'isabell, 14, 08003, Barcelona
Instagram: @7portes
www.7portes.com

Dia 7.

고딕 지구에서는
라탄 쇼핑을

Dia 7.

Vivir como el viaje
Viajar como la vida diaria

자주 가는 카페에서 아침을 먹기로 했다. 커피를 마시지 않고 커피 향을 맡는 것만으로도
기분이 좋아지는 이곳에서 느긋하게 친구와 함께 아침 시간을 보낸다는 것만으로도 입가에 미소가
떠나지 않는다. 식사를 하며 이곳 사람들의 일상을 슬쩍 엿보는 것만으로도 충분히 흥미롭다.
사탄 카페Satan's Coffee Corner는 아침 일찍 문을 여는데, 아침뿐만 아니라 브런치도 기본 이상의
맛이다. 고딕 지구의 골목 깊숙한 곳에 숨어 있어 찾는 재미도 쏠쏠하다.
골목을 지나 사탄 카페에 도착하니 아직 이른 시간이라 사람이 많지 않았다.

갓 나온 따끈한 크루아상에 이곳에서 직접 만든 잼과 버터를 발라 먹는 맛이란.
지나치게 인공적이거나 자극적이지 않은 단맛이 나는 이곳 잼을 좋아한다.
하지만 뭐니 뭐니 해도 커피 맛이 최고다. 우리가 식사를 끝낼 때쯤 되자 출근길에 빵과 커피를
테이크아웃하는 사람들과 아이들과 함께 혹은 혼자 아침을 먹으러 온 동네 사람들로 금방
북적거렸다. 활기가 넘치는 풍경을 바라보니 저절로 미소가 지어진다.

Satan's Coffee Corner

Add: Carrer de L'arc de Sant Ramon del Call 11, 08002, Barcelona
Istagram: @satanscoffeeco

Dia 7.

오늘은 아침을 든든하게 먹고 체력을 보충한 다음 고딕 지구를 낱낱이 해부하기로 마음먹었다.
골목골목 숨어 있는 숍을 찾아내고 샅샅이 구경하기로 했다.
봄과 여름 시즌 스타일링을 할 때 반드시 필요한 라탄 백을 구입하는 헤르마네스 가르시아Germanes
Garcia로 향했다.
고딕 지구에서 몇 안 되는 곳으로 라탄 백은 여름휴가나 해변에 갈 때도 꼭 필요한 아이템이다.
하늘하늘한 롱 원피스에 멋스러운 라탄 백을 들고 파나마 해트만 써도 순식간에 스타일리시해진다.
아기자기한 라탄 가방을 비롯해 모자와 인테리어 소품, 가구를 판매하는 꽤 규모가 큰 숍으로 대를
이어 운영하고 있다. 그래서인지 매장 내부가 정감이 가고 빈티지해서 구경하는 재미가 쏠쏠하다.

몇 년 전부터 트렌드가 된 라탄 백은 일명 바스켓 백으로 불리기도 한다.
내 생각에 라탄 백은 스페인이 가장 가격도 저렴하고 퀄리티도 좋고, 디자인도 다양한 것 같다.
Made in Spain 제품으로 다양한 크기에 각양각색의 디자인 가방을 보는 것만으로도 부자가 된
듯했다. 지난여름 여기서 구입한 백을 너무나 잘 들고 다녔고, 지인들이 놀러 오면 반드시
데리고 가는 쇼핑 리스트 1위의 숍이다.
가방 가격은 대충 20~30유로 선이며, 파나마 모자도 10~20유로 정도다.
이제 우리는 가격이 싸다는 이유만으로 무턱대고 물건을 사지 않는다. 가격이 싸면서 디자인까지
만족스러워야 하는데, 그런 의미에서 이곳 제품은 모두 데려가고 싶을 만큼 매력적이다.

빈티지한 라탄 가구나 소품은 또 어떤가? 여자들이 좋아할 만한 소품이 모두 있다고 생각하면 된다.
"아~ 서울로 가져갈 수만 있다면, 여기 있는 모든 걸 사고 싶어. 정말 너무 예쁘다."
나는 친구의 말에 속으로 웃었다. '그럼 그렇지. 내가 이럴 줄 알았어.
어떤 여자가 이렇게 예쁜 물건 앞에 안 무너질 수 있단 말인가?'

Germanes Garcia

Add: Carrer dels Banys Nous 15, 08002, Barcelona

Dia 7.

라탄 백을 쇼핑하고 나면 항상 근처 수레리아에 추러스를 먹으러 갔다.
바르셀로나에서는 1일 1추러스는 기본이다!
느끼하지 않고 고소하면서도 달콤한 맛의 추러스는 5~6개가 기본으로 1.20유로 정도 한다.
갓 튀긴 바삭한 추러스는 절대 외면할 수 없다.
하나를 사면 너무 맛있어서 금세 먹어치우기 때문에 싸우지 않게 1인 1추러스를 사는 게 현명하다.
골목골목을 누비며 추러스를 먹는 맛이란, 말 그대로 꿀맛이다.

스페인 사람들은 원래 추러스를 진하고 걸쭉한 초콜라테에 찍어 먹는다.
이렇게 추러스는 달콤한 초콜릿에 찍어 먹어야 진정한 맛과 진가를 알 수 있다.
스페인 사람들은 정말이지 단것을 좋아한다.
나 역시 춥고 우울한 겨울에는 이삼 일에 한 번씩 달고 느끼한 이 음식을 먹어야
몸과 마음이 릴랙스되고 기분이 좋아지는 것 같다.

Xurreria Manuel San Raman 수레리아 마누엘 산 라만
고딕 지구의 수레리아는 추러스 전문점으로 테이크아웃만 가능하다.
Add: Carrer dels Banys Nous 8, 08002, Barcelona
Open: 주중 07:00~13:30, 15:30~20:15, 주말 07:00~14:00, 15:30~20:30

Vivir como el viaje
Viajar como la vida diaria

고딕 지구의 또 다른 추러스 맛집

Valor 발로르

도넛처럼 촉촉한 추러스를 맛볼 수 있다.
초콜릿 전문 브랜드에서 운영하는 진한 초콜라테가 유명하며 주문과 동시에 추러스를 튀겨준다.
Add: Carrer de la Tapineria 10, 08002, Barcelona

Granja La Pallaresa 라 파야레사

초콜라테와 추러스, 스패니시 디저트를 맛볼 수 있는 전통 있는 카페다.
초콜라테 거리로 불릴 만큼 달콤한 초콜릿 향으로 가득한 곳에 위치한다.
Add: Carrer de Petritxol 11, 08002, Barcelona
Open: 주중 09:00~13:00, 16:00~21:00, 주말 07:00~13:00, 17:00~21:00

Dia 8.

오래된 골목이 건네는
따스한 위로

Dia 8.

Vivir como el viaje
Viajar como la vida diaria

거리를 청소하는 차 소리에 단잠을 깨고 말았다. 유럽은 어디를 가나 방음이 잘되어 있지 않아 시끄러운 소리 때문에 잠을 깨는 경우가 종종 있다. 오늘 아침이 딱 그랬다. 10년 정도 살다 보니 이제는 적응이 돼서 잘 모르지만 유럽 집들이 정말 불편한 건 맞다. 한국에 잠깐 나가면 격하게 공감하는 바다. 엘리베이터가 없는 집도 많고, 무엇보다 열쇠로 아무리 열어도 문이 안 열리는 경우가 너무나 많다. 또 열쇠가 얼마나 무거운지 모른다. 무엇보다 방음이 너무나 허술해 옆 집 아줌마가 뭘 하는지 속속들이 알 수 있다는 사실.

한국은 빛의 속도로 변화하는 반면 이곳에서의 삶은 여전히 느리게 흘러간다. 내가 처음 왔던 10년 전이나 지금이나 변한 게 거의 없다. 빠르게 변화하고 발전하는 것이 좋다거나 나쁘다고 할 수는 없지만, 지금은 이곳의 한결같음이 편하고 따스하게 느껴진다.

오늘은 고딕 지구의 카테드랄Cathedral 대성당 앞에서 매주 목요일에 열리는 빈티지 마켓에 가기로 했다. 대성당 앞의 널찍한 광장에는 오래된 빈티지 소품이 바깥 세상을 구경하러 나온다. 우리는 또 그런 빈티지 제품을 구경하러 나간다. 수집가들이 숨은 보물을 찾기 위해 두 눈을 반짝이며 불을 켠다. 나도 처음에는 잔뜩 긴장해서 뭐라도 건지기 위해 마켓을 돌아다녔지만, 이제는 활기찬 분위기를 즐긴다. 물건을 구경하는 이들과 물건을 팔러 나온 이들을 구경하는 재미도 빼놓을 수 없다. 오늘은 날씨가 좋아 햇살 아래 영롱하게 반짝이는 빈티지 제품이 그렇게 아름다울 수가 없었다.

내가 만드는 제품도 저렇게 오래도록 가치 있게 빛났으면 좋겠다는 생각을 해본다.

Mercado Gotic Antiguitats 메르카도 고틱 안티기타트스
Add: Plaza de la Seu, 08002, Barcelona / Metro4 Jaume 역에서 하차, 걸어서 3분
Open: 매주 목요일 09:00~20:00(8월에는 휴무)

대성당 뒤에 있는 골목을 걷다 보면 자연스럽게 로마가 떠오른다.

바르셀로나는 다양한 도시가 지닌 매력이 공존하는 듯하다.

시우타트 베야Ciutat Vella는 오래된 도시의 느낌이 풍겨 이탈리아 같다.

항구가 있는 해변가는 프랑스의 남부 마르세유 분위기가 난다.

바르셀로나에서 신도시 분위기가 나는 에익삼플레Eeixample는 프랑스 파리를 연상시킨다.

이처럼 바르셀로나는 지역마다 낯선 도시를 여행하는 기분이 나서 언제나 나를 셀레게 한다.

대성당 뒤의 골목골목을 걷다 보면 구시가지의 전통과 오랜 역사가 느껴지고 사람들의 손때 묻은 골목 풍경은 마냥 정겹기만 하다.

사람 사는 냄새가 나는 이곳에 들어서면 나는 시간 여행을 온 듯한 묘한 기분에 사로잡힌다.

Dia 8.

거리의 악사, 골목골목 숨어 있는 박물관과 카페, 왕의 광장 등 볼거리 많고 즐길 거리 많은
이곳에서는 뭐 하나라도 놓치면 억울하다.
우리는 대성당 바로 옆에 있는 프레데릭 마레 박물관Museu Frederic Mares으로 향했다.
바르셀로나의 백작들이 기거했던 웅장한 고딕 건물에 세워진 박물관으로 내부와 테라스 카페가
예뻐서 커피를 마시기 위해 자주 들르는 곳이다.
입장료가 없어서 더더욱 애정하게 됐지만, 박물관에서 마시는 커피는 분위기부터 남다르다.
오밀조밀 좁은 공간이지만, 모든 것이 감탄을 자아낼 만큼 아름답고 오랜 역사를 간직하고 있는
건물이 야자수와 어우러져 한 폭의 그림 같은 풍경을 연출한다.
그 사이로 들어오는 햇살과 파란 하늘은 오늘 하루를 감사하게 만든다.

Museu Frederic Mares
Add: Plaza Sant Lu 5, 08002, Barcelona

80-81

Día 8

Vivir como el viaje
Viajar como la vida diaria

Dia 9.

어떤 모자를
좋아하세요?

Vivir como el viaje
Viajar como la vida diaria

Dia 9.

Vivir como el viaje
Viajar como la vida diaria

이제 사람들은 단지 예쁘기만 한 것에 열광하지 않는다. 예쁘기만 한 것은 매력이 없기 때문이다.
개성이라는 것이 얹어져야 매력이 배가된다. 그런 이유로 앤티크 숍에 매력을 느끼고 열광한다.

나는 모자를 좋아한다. 그날 옷이나 분위기, 만나는 사람이나 장소에 따라 모자 즐겨 쓰는 편이다.
여행을 가서 그 도시에서 꼭 구입하는 것이 있다면, 바로 모자다.
나라마다 즐겨 쓰는 모자 스타일이 조금씩 다른 데다 그 도시에서만 구입할 수 있는 모자가
있다면 더더욱 끌린다.
봄과 여름에는 파나마 해트를 즐겨 쓰고 가을과 겨울에는 페도라나 보이캡이 좋다.
밋밋했던 옷차림이 모자만 써도 룩에 활기를 더하고 순식간에 스타일리시해 보인다.
하지만 당연히 아무 모자나 쓴다고 멋스러워지는 건 아님을 기억하자!

내가 자주 쓰는 모자에 대해 궁금해하는 분이 많은데, 대부분 고딕 지구에 있는 로컬 모자 숍에서
구입한 것들이다. 새로운 제품이 없나 자주 기웃거리는 페이보릿 숍 중 하나다.
내가 이렇게 자주 가는 이유 중 하나는 이 숍을 멋쟁이 할아버지 두 분이 오랫동안 운영하고
있어서다. 이렇게 나는 아무 이유 없이 오래된 것이 좋다. 편안하고 무작정 믿음이 간다.
더욱이 추천해주는 모자가 하나같이 마음에 쏙 든다. 내가 여름만 되면 자주 쓰는 모자가 있는데
(2년 전에 이곳에서 구입했다) 파리의 어느 숍에서 똑같은 모자를 발견했다.
가격이 내가 산 것보다 두 배 정도 비싸서 놀란 적이 있다.

파나마 해트는 스페인의 기술력이 뛰어나니 기회가 된다면 스페인에서 구입하길 추천한다.
파나마 해트는 여름의 필수 아이템이 아닐까? 데님에 리넨 셔츠를 입고 이 모자만 써도 근사하고
리넨 재킷이나 트렌치코트와도 궁합이 좋다.
살랑살랑한 롱 원피스에 파나마 해트와 라탄 백의 조합은 더없이 훌륭하다.
내가 즐겨 입는 스타일이다.

Sombreria Obach 솜브레리아 오박
Add: Carrer del Call 2, 08002, Barcelona
Open: 월~토요일 10:00~14:00, 16:00~20:00(토요일 10:00~14:00, 16:30~20:00)
www.sombreriaobach.es

Vivir como el viaje
Viajar como la vida diaria

Día 9.

JOAN COLOM

CATALÀ-ROCA

Vivir como el viaje
Viajar como la vida diaria

모자 가게 바로 옆에 있는 페란 거리Carrer de Ferran는 정말 없는 게 없다.
항상 사람들로 북적이고 레스토랑, 카페, 숍들 사이로 페란 거리를 오래도록 지키고 있는
아트 전문 서점인 리브레리아 산 호르디Libreria Sant Jordi가 있다.
산 호르디 서점은 대를 이어 운영하고 있는 오래된 책방인데, 리미티드 에디션이나 예술, 디자인,
일러스트, 건축 등 디자인과 관련한 책을 구경하기 좋다.

디자인을 하는 내가 자주 가는 책방인데, 내부가 너무나 아름답다. 하지만 무엇보다 보고 싶은 책을
찾아내는 재미가 크다. 이 공간에 있다 보면 중세 시대로 돌아간 듯한 느낌마저 든다.
친절한 아저씨랑 이런저런 수다를 떠는 것도 빼놓을 수 없는 즐거움이다. 오늘은 디자인 책을 샀지만,
책을 구입하는 것과 무관하게 나는 이 공간이 좋다. 예술 작품을 보고 나온 듯한 기분이 들곤 하니까.

Libreria Sant Jordi
Add: Carrer de Ferran 41, 08002, Barcelona
www.libreriasantjordi.com

Dia 9.

Vivir como el viaje
Viajar como la vida diaria

이 거리는 그냥 걷기만 해도 역사가 느껴진다. 그런데 쇼핑도 예외가 아니다.
오래전부터 그 자리를 지키고 있는 숍이 대부분이다.
스페인에서의 쇼핑 목록은 파나마 해트, 에스파드류, 라탄 백 정도다. 고가의 프랑스 명품 브랜드
제품도 거의 대부분 Made in Spain으로 스페인은 에스파드류의 본고장이다.
스페인에서 만들어 가격이 저렴하고, 퀄리티도 뛰어나다.
아트 서점 근처에 한국에서도 유명해진 에스파드류 전문 숍이 있다.
우리가 숍에 갔을 때는 시에스타 시간이라 기다렸다가 다시 갔다.
숍에 들어선 순간 한쪽 벽면을 가득 메운 온갖 디자인의 신발에 압도당하고 말았다.
또 장인의 포스를 풍기는 슈메이커들이 신발을 정성껏 만드는 모습을 볼 수 있다.
딱 내가 좋아하는 스타일 발견! 나는 어떤 옷이나 물건을 보든 어떻게 입고 싶은지,
어떻게 입어야 잘 어울리는지 머릿속에 당장 그려진다.
나는 옷 얘기만 하면 너무나 즐겁고 할 말이 많아진다. 지금도 옷 이야기에서 키보드를 굉장히 빠른
속도로 피아노 치듯 내리치고 있으니 말이다.

나는 이곳에서 스트랩 스타일의 샌들을 40유로 정도에 구입했는데,
사이즈가 없는 제품도 있다는 사실을 기억할 것.

La Manual Alpargatera 라 마누알 알파르가테라
Add: Carrer D'avinyo 7, 08002, Barcelona
Open: 월~토요일 09:45~13:30, 16:30~20:00(토요일 10:00~13:30, 16:30~20:00)
Instagram: @lamanualalpargatera

Dia 10.
유쾌하고 흥이 넘치는
스페인의 식사 시간

Día 10.

Vivir como el viaje
Viajar como la vida diaria

느지막이 일어난 우리는 주말에만 할 수 있는 것을 하기로 했다. 고딕 지구의 델피 광장을 중심으로 주말에 아트페어와 유기농 시장이 열린다. 주말이 되면 이곳은 산책 코스 1순위인데, 근처 테라스 카페에서 커피를 마시며 아침 시간을 보내기로 했다.

1975년부터 열리기 시작한 아트페어는 오랜 전통을 자랑한다. 지역 예술가들이 만든 작품을 판매하는데, 정말 운이 좋으면 훗날 유명 작가가 될 작품을 저렴한 가격에 구입할 수도 있다. 그런데 바로 옆에서는 유기농 시장이 열린다. 꿀 제품이 많아 '꿀시장'이라 불리기도 하는데 나는 치즈와 꿀, 치즈 케이크, 아몬드 등을 구입하곤 한다.
아트페어에서 그림을 구경하고, 유기농 시장에서 직접 만든 꿀과 잼 등 식재료를 구입하는 게 너무 즐겁다. 꿀시장이라고 불리는 피라 아르테사나Fira Artesana는 꿀에 절인 갖가지 치즈와 와인, 초콜릿, 올리브 오일 등 다양한 제품을 판매한다.
무엇보다 카탈루냐 지방에서 공급 받는 신선한 제품이 많다.
사고 싶고 먹고 싶은 것도 많지만, 고르고 골라 작은 꿀 한 병을 손에 쥔다. 오늘은 아무것도 안 살 거야 하고 다짐했어도 막상 가면 뭐라도 사게 만드는 마법의 시장이다.

Mostra d'art Pintors del Pi 아트 페어

Add: Plaza de Sant Josep Oriol
Open: 매주 토요일 11:00~20:00, 일요일 11:00~14:00

Feria del Colectivo de Artesanos de la Alimentacion 유기농 시장

Open: 매달 첫 번째, 세 번째 금~일요일 10:00~21:00

프랑스 파리 사람들이 깍쟁이라고 한다면, 이곳 사람들은 유쾌하고 정이 많고 친절하다.
하지만 개성이 강하고 매력적인 바르셀로나의 여행을 더욱 흥미진진하게 만드는 것 중 하나가
음식이 아닐까 싶다. 그런데 이곳 사람들의 식사 예절과 식사 시간도 꽤 흥미롭다.
나는 이곳에 처음 왔을 때 사람들이 먹고 마시는 모습 그 자체가 너무 신기하고 흥미로웠다.
스페인 사람들은 먹는 걸 참 좋아하고, 식사 시간이 정말 길고 사람들은 식사 자체를 즐긴다.
바르셀로나 사람들은 아침, 간식, 점심, 간식, 저녁 이렇게 기본적으로 다섯 끼를 먹는다고 한다.
점심과 저녁을 늦게 먹기 때문에 중간에 간단히 커피와 빵 등의 간식을 꼭 먹는다.
관광지에 있는 식당은 좀 더 일찍 점심과 저녁 시간을 오픈하지만, 대부분 점심은 2~3시,
저녁은 9~10시경에 먹는다.
이곳 사람들과 함께 식사하다 보면 식사 시간이 길어질 수밖에 없음을 알게 된다.
식사하면서 옆에 있는 사람들과 말을 주고받는 등 천천히 즐겁게 식사를 하기 때문이다.
이런 이유로 저녁을 늦게 먹어도 건강한 게 아닌가 생각해본다.
식사뿐만 아니라 매 순간을 즐기기 때문에 몸도 마음도 건강할 수밖에 없다.

Dia 11.

일요일은
일요일답게

Vivir como el viaje
Viajar como la vida diaria

Vivir como el viaje
Viajar como la vida diaria

이불 속에서 뒹굴거리며 몸을 일으키기 힘들었던 일요일 아침,
한참 동안 핸드폰을 만지작거렸다. 오늘도 날씨가 좋구나.
항구까지 걸어서 피크닉을 가볼까?
고딕 지구를 걸어 내려가니 야자수가 보이기 시작했다.

omellette 4.00

Tortilla con queso/
omellette
with cheese   4.50

pollo/

ternera

hamb

salm

Día 11.

Vivir como el viaje
Viajar como la vida diaria

항구 근처에 다다를 무렵 바르셀로나의 중앙우체국Correos 옆에
보 데 베Bo de B라는 아주 작은 샌드위치 가게가 있었다.
샌드위치가 정말 맛있고 내가 좋아하는 가게다.
항상 긴 줄로 먹을까, 말까를 고민하게 하지만,
그럼에도 불구하고 계속 찾게 되는 곳이다.
가격도 저렴하고 푸짐하며, 고객이 선택한 토핑을 올려
즉석에서 만들어주는 샌드위치 맛이 일품이다.
그동안 다양한 토핑을 먹어봤지만, 치킨 맛이 가장 맛있다.

Bo de B

Add: Carrer de la Fusteria 14, 08002, Barcelona
Open: 월~목요일 12:00~00:00, 금~토요일 12:00~01:00

Dia 11.

Vivir como el viaje
Viajar como la vida diaria

우리는 치킨 샌드위치를 사고 옆에 있는 마트에서
음료를 사서 항구까지 걸어갔다.
일요일이라 그런지 항구에도 사람들이 제법 많았다.
자리를 펴고 앉아 엄청나게 푸짐한 샌드위치를 먹으며 사람들을 구경했다.
햇살을 맞으며 피크닉을 즐기는 사람들, 자전거를 타는 사람들,
여유롭게 책을 읽는 사람들 모두 자신의 방법으로 일요일을 즐기고 있었다.
지금 이 순간, 나와 다른 사람의 풍경을 보는 건 항상 흥미진진하다.
그들의 대화와 표정, 미소에는 여유로움이 배어 있고,
나는 그런 여유가 부럽다.

바게트 샌드위치가 맛있는 또 다른 맛집

Conesa Entrepans 코네사 엔트레판스
고딕 지구의 자우메 광장에 있는 오래된 샌드위치집이다.
주문과 동시에 만들어주는데, 어떤 맛을 골라도 만족할 것이다.
코네사 엔트레판스가 보다 전통적인 샌드위치라면,
보 데 베 샌드위치는 젊은이들이 좋아하는 퓨전 스타일이다.
Add: Carrer de la Libreteria 1, 08002, Barcelona
Open: 월~토요일 08:15~22:15
www.conesaentrepans.com

오늘은 여유롭게 나와 하릴없이 슬슬 움직였더니 어느새 어두워지기 시작했다.
그래서 항구를 따라 걷다 일찍 들어가기로 했다.

유럽 여행을 해본 사람은 알 것이다. 패키지 여행이 아닌 이상 걷는 게 반이다.
많이 걷는 만큼 보이는 것도 느껴지는 것도 많은 법이다.
나는 워낙 걷는 것을 좋아해 매일 두세 시간을 걷는 것은 기본이고,
여행할 때는 하루 종일 걷기도 했다.
해가 지는 붉은빛 하늘이 새색시처럼 곱고 단아하다.
붉게 물든 하늘을 바라보며 우리는 각자 생각에 잠겨 아무 말도 하지 않았다.
서로 아무 말을 하지 않아도 함께 있는 것만으로도 편한 친구가 있어서 참 좋다.

Dia 12.

Dia 12.
시체스로 떠난
기차 여행

Vivir como el viaje
Viajar como la vida diaria

Vivir como el viaje
Viajar como la vida diaria

바르셀로나가 도시적인 분위기가 강하다면,
근처의 작은 도시는 또 다른 느낌으로 다가온다.
그중에서도 시체스Sitges는 아주 가깝지만 지중해풍의
아기자기함이 매력적이다.
원없이 푸른 바다를 볼 수 있고, 한적한 휴양지
느낌이라 1박2일로 자주 떠나곤 했다.

우리는 시체스로 기차 여행을 떠나기로 했고,
간단하게 짐을 꾸려 프란사역으로 걸어갔다.
프란사역은 보른 지구 근처인 시우타데야 공원
Parc de la Ciutadella에 있어 찾기 쉽다.
바르셀로나에서 가장 오랜 역사를 간직하고 있는데,
내부 모습도 웅장하고 아름답다.

시체스까지 해안을 따라 달리는 기차 안에서 바라본
풍경은 눈을 뗄 수 없을 만큼 아름다웠다.
터널을 지날 때마다 은빛 바다가 펼쳐졌는데,
나도 모르게 "와~!" 하는 감탄사가 나왔다.

기차는 45분가량 달려 시체스에 도착했다.
기차에서 내려 역 안으로 들어가자
우리는 영화에서 본 듯 익숙한 모습에
"너무 예쁘다."는 말을 연신 해대고 있었다.

Estacio de Franca 에스타시오 데 프랑카

Add: Av.del Marques de L'argentera, 08003,
Barcelona

E

Dia 12.

시체스에는 호텔이 많지 않을뿐더러
대부분 오래되어 낡았고, 시설이나 인테리어도 마음에 드는 곳이 별로 없다.
그렇다면 호텔을 예약할 때 딱 하나만 보면 된다. 바로 바다 전망이 보이는 호텔일 것!
호텔의 시설은 그다지 마음에 들지 않았지만,
넓은 테라스에서 바라보이는 뷰가 그야말로 환상적이었다.
기차역에서 구글맵을 보면서 10분 정도 걸어가니 바다 앞으로
호텔이 보였다. 외관은 깔끔하고 나름 괜찮아 보였다.

그런데 체크인을 하고 방으로 들어간 순간,
눈부시게 반짝이는 바다가 바로 코앞에서 펼쳐지는 게 아닌가.
하루 종일 바다만 바라보고 있어도 질리지 않고
온전한 휴식이 되는 그런 풍경이었다.
테라스가 딸린 스위트룸을 예약하길 정말 잘했구나
하는 생각이 들었다.
아주 잠시 2박3일을 예약할걸 그랬나 하는 후회가 밀려왔다.

URH Sitges Playa
(sweet room with balcon)
Price: 1박에 147유로 내외
www.booking.com

Vivir como el viaje
Viajar como la vida diaria

Dia 12.

호텔 바로 옆에 있는 테라스 레스토랑에서 파에야를 먹기로 했다.
바람이 꽤 불었지만, 뜨거운 햇살에 온몸이 시커멓게 타들어가는 듯했다.
그럼에도 우리는 모든 게 만족스럽고 좋았다.
우리가 주문한 판콘 토마테Pan Con Tomate와 홍합 요리, 파에야,
화이트 와인을 기다리는 동안 또다시 시작된 사진 놀이.

나는 파란 바다와 지중해풍의 하얀 건물이 어우러진 시체스에 어울리는 옷을 골랐다.
밝은 크림색의 트렌치 코트와 바람에 적당히 휘날리는 은빛 슬립 드레스
그리고 블루 컬러의 스카프로 마무리!

Vivir como el viaje
Viajar como la vida diaria

Día 12.

시체스의 골목골목을 구경하다 보니 어둑어둑해지기 시작했다.
우리는 호텔로 들어와 테라스에 앉아 해 질 녘 풍경을 넋을 잃고 바라보았다.
'지금 이 순간, 시간이 정지해도 좋을 것 같아' 하는 생각이 맴돌았다.
하지만 시시각각 변하는 풍경은 우리에게 더 많은 것을 선사했다.
흔히 하는 말로 자연의 아름다움 혹은 위대함을 실감하는 순간이었다.
레스토랑에 간다 한들 이보다 더 환상적인 뷰는 볼 수 없다는 생각이 들었다.
와인을 마시지 않고도 머리가 멍하니 취기가 도는 듯했다.

Dia 13.

Dia 13.
만남이 있으면
헤어짐도 있는 법

Vivir como el viaje
Viajar como la vida diaria

(E)

Dia 13.

조깅을 하는 사람들도 있고, 호텔 옆에 있는
테라스 카페들은 오픈을 했거나 준비 중이었다.
음식이 맛있어 보이거나 그다지 확 끌리지는 않았지만,
바다가 잘 보이는 곳에 자리를 잡았다.

아침부터 신문을 보며 아침을 먹는 할머니 할아버지,
운동을 하고 나서 아침을 먹으며 맥주 한잔하는 사람들,
카페 주인과 대화를 주고받으며 메뉴를 주문하는 사람 등
모든 사람이 밝고 행복해 보였다.
그들은 바라보는 내 얼굴에도 작은 미소가 스친다.

'이런 게 행복이지. 뭘 더 바라겠어!'

Vivir como el viaje
Viajar como la vida diaria

Dia 13.

Vivir como el viaje
Viajar como la vida diaria

Dia 13.

이곳에 오면 항상 들르는 레스토랑이 있다.
이 집은 점심 세트 메뉴를 판매하는데 스타터, 메인 디시,
후식, 음료, 빵으로 구성된다.
가격도 착하고 맛도 있어 늘 사람들로 북적거린다.
당연히 테라스석의 경쟁이 치열할 수밖에 없다.
우리는 점심 시간보다 한 시간쯤 일찍 갔다.
짭조름한 올리브와 맥주 한잔으로 식욕을 돋우고,
생선 요리를 마주하니 또다시 아무 맥락도 없이
"참, 좋다!" 하는 말이 나도 모르게 튀어나왔다.
그 말에 친구도 웃음을 터트리고 우리는 연신 맛있다,
좋다를 연발하며 식사를 마쳤다.

Yamuna 야아무나
Add: Carrer Port Alegre 47, 08860, Sitges

Día 13.

Vivir como el viaje
Viajar como la vida diaria

바르셀로나로 돌아가는 기차를 타기 위해
기차역으로 걸어갔다.
단순히 예쁘다고만 생각했던 건물과
거리가 다르게 보이기 시작했다.
그냥 예쁘기만 한 게 아니라 할머니의 품처럼
따스하고 정겹게 느껴졌다.

누구나 만나면 헤어져야 하는 법이다.
그래서 나는 이따금씩 여행의 끝이 두렵기도 하다.

그럼에도 우리가 여행을 하는 이유는 추억 때문이다.
훗날 이 기억을 떠올리며 에너지를 얻기 위해….

Dia 14.

나만 알고 싶은 장소
산 펠리프 네리 광장

Dia 14.

Vivir como el viaje
Viajar como la vida diaria

고딕 지구 구시가지에는 건물들 사이에 몸을 숨기고 있는 허름한 작은 광장이 있다.
영화 〈향수〉의 촬영지이기도 했던 산 펠리프 네리 광장Plaza Sant Felip Neri이다.
나는 특히나 이곳을 좋아한다.
금방이라도 요정이 튀어나올 듯한 분수의 물 소리가 주변의 적막을 깬다.
새들이 후드득 날아다니고, 광장 사이로 들어오는 작은 빛 줄기가 너무나 아름답다.
대성당 옆 건물들 사이로 미로처럼 얽혀 있어 쉽게 눈에 띄지 않는 곳이라 더 좋아하는지도 모른다.
작은 빛이 들어올 때는 동화 속 세계처럼 신비롭다가도 흐린 날에는 〈향수〉의 우울한 분위기가
감돈다. 이렇게 상반되는 분위기를 간직했기에 내가 더 매력을 느낄 테다.

소설 〈향수〉를 재미있게 읽어서 이곳에 대한 애정이 더 큰지도 모르겠다.
우리는 분수대에 앉아 젤라토를 먹으며 빛 줄기의 변화를 관찰하고 있었다.
고즈넉하면서 운치 있는 이곳은 혼자 가면 좋지만, 우리처럼 아무 말이 필요 없는 친구와
함께하면 더 좋다.

Vivir como el viaje
Viajar como la vida diaria

Dia 14.

Vivir como el viaje
Viajar como la vida diaria

산 펠리프 네리 광장을 좋아하는 또 다른 이유가 있다.
바로 주인 아저씨가 이탈리아에서 우유와 재료를 공수해
직접 만드는 전통 이탈리아 젤라토 가게가 있기 때문이다.
친절한 주인 아저씨도 좋지만, 젤라토를 사서
네리 광장을 산책하며 먹는 즐거움이란….
그 무엇과도 비교할 수 없다.

Un Gelato Per Te 운 헬라토 페르 테

Add: Carrer de Sant Felip Neri1, 08002, Barcelona
Open: 월~일요일 11:00~20:30

Dia 14.

이곳에 오면 반드시 가야 하는 곳이 있으니, 비누 가게다.
이곳에서는 사바테르 형제Sabater Hnos가 대대로 만드는
수제 비누를 판매한다.
부에노스아이레스, 바르셀로나, 아테네, 산티아고 데 칠레,
베네치아 이렇게 5개 도시에만 가게가 있다.
'사바테르 형제의 비누 공장'이라 쓰여 있는
입구의 앙증맞은 간판이 눈길을 끈다.
색색의 알록달록한 비누는 모양도 예쁘지만,
100% 천연 재료를 사용한다.
초콜릿, 허브, 바닐라, 커피, 레몬, 라벤더, 아몬드 등
피부 타입에 따라 골라 쓸 수 있는 비누가 가득하다.
여자들이 들어가면 빈손으로 나올 수 없다고 자신한다.

Sabater Hnos 사바테르 노스(형제 비누)
Add: Plaza de Sant Felip Neri 1, 08002, Barcelona
Open: 월~일요일 10:30~21:00
Instagram: @sabaterhermanosmadrid
www.shnos.com.ar

Vivir como el viaje
Viajar como la vida diaria

Los realmente modernos,
ignoran la moda.

Vivir como el viaje
Viajar como la vida diaria

산 펠리프 네리 광장 근처에는 사실 나만 알고 싶고 나만 소유하고 싶은 숍이 많다. 그동안 발품을
팔아가며 찾은 곳들이라 좋아하는 사탕을 아껴 먹는 아이 같은 마음으로 너무나 소중한 곳들이다.
독특한 디자인의 소품과 액세서리가 가득해 이곳에 오면 꼭 들르는 숍이다.
나는 여행을 가면 빈티지 숍만큼은 반드시 들어가보는 편이다.
물건을 둘러보다 보면 눈이 딱 마주치는 순간이 있다. 세상에 하나밖에 없는 그 물건과 나의 인연이
시작되는 것이다. 그렇게 마음에 드는 물건을 만났을 때의 희열을 어떻게 말로 표현할 수 있을까.
나는 패션 관련 일을 하기 때문에 자연스레 트렌드에 민감하다. 하지만 나만의 것이 트렌드와
어우러질 때 엄청난 시너지가 나고 나만의 스타일이 만들어진다는 것을 잘 알기 때문이다.
빈티지 숍을 구경할 때마다 느끼는 것이 유행은 정말 돌고 돈다는 사실이다.
요즘 트렌드인 캐츠아이 선글라스도 그렇다. 앙증맞은 토트백이나 요즘 나오는 디자인이라 해도
믿을 만한 빈티지한 슬링백 등 샅샅이 구경하다 빈티지 선글라스를 득템했다.
나는 몸살이 나도, 너무나 피곤해도 옷만 보면 엔도르핀이 돌고 즐겁다.
몸이 아프고 피곤한 것도 잊고 만다.

El Maniqui Vintage 엘 마니키 빈티지

Add: Carrer de Sant Sever 8, 08002, Barcelona
Open: 월~일요일 11:00~15:00, 16:00~20:00(화·목요일 11:00~20:00)

Dia 14.

Vivir como el viaje
Viajar como la vida diaria

내가 좋아하고 자주 가는 카페, 카엘룸Caelum.
무작정 달기만 한 게 아니라
딱 적당한 단맛의 케이크가 특히 맛있다.
또 하나, 카페 인테리어가 정말 동화처럼 아기자기해서
동심으로 돌아간 듯한 기분이다.
케이크도 맛있지만, 지하의 동굴스러운 인테리어가 특별하다.
1층은 사방이 유리로 되어 있지만, 오후에만 오픈하는
지하 카페는 뭔가 비밀스럽고 판타스틱한 분위기로
한번쯤 경험해도 좋을 듯하다.

Caelum
Add: Carrer de la Palla 8, 08002, Barcelona
Open: 월~일요일 10:00~20:30
Instagram: @caelumbcn
www.caelumbarcelona.com

Dia 15.

미로 같은 골목골목을
찾아다니는 재미

Menu dia

- Ensalada verde con
  atum

- Tagliatelle carbonara

— o —

- Sardina a la brasa
  con trampó mallorquin

- Churrasco con chimichurri
  de manzana

rimero + segundo + bebida + postre/café
13,90€

Vivir como el viaje
Viajar como la vida diaria

미로 같은 골목골목을 찾아다니는 재미가 있는 구시가지는 시우타트 베야Ciutat Vella라고 부르는데,
람블라스 거리를 중심으로 고딕 지구와 라발 지구로 나뉜다.
고딕과 라발 지구는 구시가지로 예전 모습을 고스란히 간직하고 있다.
그렇지만 고딕 지구와 라발 지구도 다소 분위기에서 차이가 난다.
고딕 지구가 클래식한 느낌이라면, 라발 지구는 젊은 사람들이 많이 찾는 약간 힙스터 느낌이다.
라발 지구는 위험하다고 말하기도 한다. 하지만 이 동네 특유의 힙합스러운 분위기가
묘한 매력을 풍기는 것만은 사실이다. 단지 여자 혼자 다니지 말고 좀 더 주의를 기울이라는 정도로
받아들이면 될 것이다. 최근 들어 라발 지구가 깨끗하고 안전해지고 있다.
예전보다 사람들이 많이 다니고 아주 늦은 시간만 아니라면 문제될 게 전혀 없다.

보케리아 시장을 지나 조금만 위로 올라가면 카레르 델 독토르 도우Carrer del Doctor Dou길이 있다.
근사하고 맛있는 브런치 카페나 편집매장, 레스토랑 등 독특한 숍이 많다.
이 거리를 산책하는 것만으로도 감성을 충전할 수 있다. 그래서 나는 이 길을 걷고 또 걷는다.

E

Dia 15.

람블라스 거리를 따라 콜론 동상 쪽으로 내려가
15분쯤 걸어가면 해양박물관이 있다.
이곳은 바다와 관련된 유적과 유물이 전시된 곳이다.
하지만 우리가 가려던 곳은 박물관이 아니었다.
바로 뮤지엄 안에 있는 테라스 카페였다.

누구에게도 알려주고 싶지 않은 나만의 아지트 같은
멍 때리기 좋고, 조용하고 마음이 편안해지는 곳이다.

카페 겸 레스토랑은 천장이 높아 답답하지 않으며
입구가 통유리로 되어 있어 개방감이 느껴진다.
나는 그곳에 가면 무조건 테라스석에 앉는 편인데,
푸르른 나무들로 둘러싸여 파란 하늘을 바라보고 있으면
천국이 따로 없다는 생각을 한다.

Bar&Restaurant del Museu Maritim
평일 점심에는 점심 세트메뉴Menu del Dia가 12유로인데, 코스 요리를 즐길 수 있다.
Add: Carrer del Portal de Santa Madrona 24, 08001, Barcelona
Open: 월~일요일 09:00~20:00

Vivir como el viaje
Viajar como la vida diaria

Dia 15.

Vivir como el viaje
Viajar como la vida diaria

Dia 16.

10년이 지나도
한결같은 곳

바르셀로나에서 100년 넘는 역사를 자랑하는 유서 깊은 쇼콜라테 가게인 그랑하 므 비아데르
Granja M Viader는 1870년 목장으로 시작한 카페 겸 식료품점이다.
나는 처음 바르셀로나에 왔을 때는 커피도 잘 마시지 않았고 좋아하지도 않았다.
어쩌면 이 집의 카페 콘 레체를 즐겨 마시다 지금처럼 커피를 사랑하게 된 건지도 모른다.

나는 한결같다는 말이 참 좋다. 그런데 이 카페야말로 그 맛이 변하지 않고 10년 전이나 지금이나
한결같다. 그 당시 웨이터였던 할아버지도 여전히 자리를 지키고 있고,
한결같은 메뉴와 사람들이 좋다. 예전의 내가 생각날 때 찾아가면 위로를 받고 온다.
또 이곳을 몇 십 년 지나서도 여전히 찾아오는 할아버지 할머니를 보면 항상 그 자리에서
나를 반겨주는 존재가 있다는 것만으로도 큰 힘이 되겠구나 싶다.

겨울에는 추러스와 초콜라테를 먹으러, 보통 때는 커피 한잔하러, 주말 아침에는 간단히 아침을
먹으러 간다.
보케리아 시장 근처라서 장을 보러 갔다 들를 때도 있다. 그런데 이 집은 브레이크 타임이 길어서
허탕치거나 오픈 시간이 조금만 지나도 줄이 너무 길어 포기할 때도 있다.

Vivir como el viaje
Viajar como la vida

우유도 다른 곳과 달리 맛있고, 많이 달지 않고 진한 초콜라테와 스페인 스타일의 페이스트리인
'엔사이마다Ensaimada'를 추천한다. 엔사이마다는 부드러운 달팽이 모양 위에 듬뿍 뿌린 파우더
슈거가 달콤한데 출출할 때 간식으로 많이 먹는 스페인식 빵이다.

Granja M Viader
Add: Carrer d'en Xucla 4~6, 08001, Barcelona
Open: 월~토요일 09:00~13:15, 17:00~21:15
www.granjaviader.cat

Dia 16.

보케리아 시장을 지나 그랑하 므 비아데르에서 오전 시간을 보내고 가까운 라발 지구로 발길을 돌렸다.
내가 좋아하는 카레르 델 독토르 도우Carrer del Doctor Dou에는 힙한 편집매장과 카페, 레스토랑이 즐비한데,
모든 숍이 감성 가득한 인테리어 소품이나 액세서리로 가득하다.

그중에서도 강추하는 숍은 카롤리나 블루Carolina Blue다. 입구에서 판매하는 꽃의 따뜻한 봄 분위기에 마음이 따스해진다.
이곳을 구경하는 것만으로도 입가에 미소가 피어오른다.
또 인테리어 소품과 테이블웨어, 스페인 디자이너 브랜드의 의류와 코스메틱, 가방 등 액세서리까지 다양하게 판매한다.
문제는 사고 싶고 갖고 싶은 게 너무 많다는 것이다. 그날 나는 트렌드 컬러인 라이트 바이올렛 컬러의 리넨 에이프런을
손에 넣었다. 요즘 라이트 바이올렛이나 라일락 컬러 등에 빠져 허우적거리고 있다.
아마 나의 브랜드에서도 라일락 컬러 제품을 볼 수 있을 것이다.

Carolina Blue

Add: Carrer Dr.dou 11, 08001, Barcelona
Open: 월~토요일 10:30~20:30
Instagram: @carolinabluedeco

Dia 16.

두 번째로 라바리에테La Variete는 카롤리나 블루 바로 옆에 있다.
처음에는 작은 숍 하나만 운영했는데, 길 건너편에 큰 숍을 하나 더 오픈했다.

Vivir como el viaje
Viajar como la vida diaria

Dia 16.

Vivir como el viaje.
Viajar como la vida diaria

Me Gusta
Todo
En La
Tienda Recién
Abierta

새로 오픈한 숍에 들어서는 순간, 내 눈을 의심했다.
색색의 리넨 에코백, 헐렁한 면 티셔츠 등 위시 리스트 아이템이 100개도 넘었으니까.
라탄 소재의 인테리어 소품은 물론이고, 가구며 모든 물건을
그대로 우리 집으로 옮겨놓고 싶을 만큼 모든 게 마음에 들었다.

La Variete
Add: Carrer del Doctor Dou 12, 08001, Barcelona
Open: 월~토요일 11:00~20:30
Instagram: @lavariete
www.lavariete.net

Dia 16.

Vivir como el viaje
Viajar como la vida diaria

라발 지구는 지금 빠르게 변하고 있다. 하루가 다르게 새로운 건물이 들어서고 스타일리시한 숍들이 문을
열면서 힙한 거리라는 새로운 카테고리를 형성하고 있다. 어느 날 갑자기 마법처럼 나타나는 숍을 구경하는 재미가
쏠쏠하다. 바르셀로나에서 반드시 가봐야 하는 현대미술관이 있고, 예술과 문화의 메카로 자기 변신을 하고 있다.

내가 추천하는 가게는 카레르 독토르 도우Carrer Doctor Dou 거리에 있는 유기농 빵집 오가닉 마켓Organic Market,
유기농 채식 카페 페티트 브로트Petit Brot, 그 옆에 있는 엔 비예En Ville로 하나같이 가성비도 훌륭하고
실내 인테리어도 아름답다.

En Ville 지중해식 스페인 가정식 레스토랑

Add: Carrer del Dr.dou 14, 08001, Barcelona
Open: 월~토 13:00~16:00, 19:30~23:30
Instagram: @envillerestaurant

Obrador de Pa Organic Market 유기농 빵집

Add: Career del Dr.dou 12, 08001, Barcelona
Open: 월~토 08:30~20:30

Petit Trot 채식 레스토랑, 카페

Add: Carrer del Dr.dou 10, 08001, Barcelona
Open: 12:30~17:00(화요일 휴무)

Dia 17.

하몽 이베리코에
스페인 와인 한잔

the Greenhouse

MENÚ
12 - 16 Marzo

ENTRANTES

Crema de calabaza (v)
Ensalada verde, crudités de verduras, hierbas, vinagreta de miel (v)
Remolacha con queso Ricota, granada y menta (v)
Mezcla de tomate con atún y cebolla encurtida (v)

PRINCIPALES

Albóndigas de ternera en salsa de tomate y puré de patata
Merluza a la plancha con espinacas a la catalana
Pasta fresca con salsa de foie
Sanfaina de verduras con huevo poché trufado (v)
Turbot con puré de celeri y seta cardo confitada (supl. 4€)

POSTRES

Brownie con helado de chocolate (v)
Tarta fina de manzana y nata (v)
Sorbete de fresa casero (v)
Queso afinado con membrillo y pan de frutos secos (v)

....

(v) Vegetariano

....

Menu Completo 18.50€
Entrante + principal + postre & café + agua + 1 copa de vino

Menú 2 Platos 16€
2 platos (entrante, principal o postre) & café + agua + 1 copa de vino

Plato Express 12€
1 plato + agua + 1 copa de vino

Aviso para personas con alergias o intolerancias.
Este establecimiento dispone de listas con los ingredientes de los platos de esta carta.
Si tiene alguna duda, solicítenos más información

Dia 17.

스페인에는 건강한 먹거리가 다양하다. 그래서 장을 보는 것도 재밌고, 음식을 만들어 먹는 것도
즐겁다. 특히 과일이나 야채 등의 식재료는 품질이 좋은데도 가격이 매우 저렴하다.
만약 바르셀로나에 관광을 하러 왔다면, 여자들의 영원한 적인 다이어트는 잠시 내려놓고 마음껏
맛있는 음식을 즐겨야 한다.

나는 저녁이면 와인에 하몽이나 올리브를 준비하는데, 카탈루나 광장 근처의 엘 코르테 잉글레스
El Corte Ingles 백화점 지하 마켓에서 편하게 식재료를 쇼핑한다.
역시 지하 1층에 작은 고메Gourmet 마켓이 있는데, 좀 더 고급스러운 식재료를 판매한다.
스페인에 왔다면, 반드시 최상급 하몽과 올리브를 먹어보길 권한다. 나도 처음에는 하몽이 냄새도
나고 짠 거 같아 먹지 못했지만, 질 좋은 하몽은 정말 맛이 다르다.
1킬로그램에 200유로 정도 하는 하몽 이베리코Jamon Iberico는 50~100그램만 사도 두세 명이
먹기에 충분하다. 또 스페인 와인도 가격 대비 맛이 훌륭하다.
레드 와인, 올리브, 하몽, 판 콘 토마테(빵을 살짝 구워 올리브 오일과 간 토마토를 올린 것으로
스페인에서는 식사 때 빠질 수 없는 공기밥 같은 존재다.)도 먹어보길 권한다.

바르셀로나에서는 하몽 이베리코와 스페인 와인 한잔이면 세상 부러울 게 없는 행복한 저녁을
보낼 수 있다.

하몽과 와인을 구입하기 좋은 추천숍

Lafuente 라푸엔티
저렴한 와인과 질 좋은 식재료와 와인을 전문으로 판매하는 곳이다.
먼저 대중적인 맛이 많아 저녁에 식사하면서 마시기 좋은 와인을 판매하는데,
비교적 가격이 저렴한 편이다. 하지만 시에스타와 오픈 시간을 꼭 확인하고 가야 한다.

Add: Carrer de Ferran 20, 08002, Barcelona
Open: 월~토요일 09:30~14:00, 16:15~20:45

Vila Viniteca 빌리 비니테카
바르셀로나 최고의 와인 숍으로 보른 지구에 위치하는데, 와인을 좋아한다면 꼭 들러봐야 한다.
이곳은 매장이 두 개인데, 한쪽에서는 와인을 판매하고 다른 매장에서는 식료품을 판매한다.
저렴한 와인부터 1000유로가 넘는 고가의 최고급 와인까지 종류가 무궁무진하다.
샴페인, 위스키, 코냑 등 거의 대부분의 주류를 판매하는데, 바르셀로나에서는 대형 매장을 운영하고 있다.
나는 보통 30~40유로대의 와인을 구입하고, 조금 특별한 날에는 80~90유로대의 와인을 마신다.
모든 와인이 너무 맛있어서 술술~ 넘어간다는 게 문제라면 문제다.
그 옆 건물에서는 하몽과 햄, 소시지를 비롯해 각종 스페인 치즈, 캐비아와 다양한 소스, 올리브 오일, 야채,
과일 등 온갖 식재료를 판매한다. 현지인들이 애정하는 식재료 전문 매장이다.

Add: Carrer dels Agullers 7, 08003, Barcelona
Open: 월~토요일 08:30~20:30
Instagram: @vilaviniteca
www.vilaviniteca.es

Día 17.

Vivir como el viaje
Viajar como la vida diaria

카탈루냐 광장 근처의 호텔 풀리트세르Pulitzer 1층에 새로 생긴 레스토랑 더 그린 하우스The Green House는 오픈한 지 얼마 되지 않아 아직 유명세를 타지 않았다.
하지만 조만간 핫 플레이스로 등극할 것이다. 그래서 더 나만 알고 싶은 곳이기도 하다.
내가 이곳에 지인들을 데려가면 모두 다 너무 좋아했다. 여심을 저격하는 감성 가득한 인테리어부터
음식까지 어느 하나 부족함이 없으니까.
그린 하우스라는 이름답게 인테리어도 자연을 소재로 내추럴하고 초록으로 가득하다.
음식 메뉴도 대부분 건강식이다.
바르셀로나는 생각보다 느리게 가지만, 이렇게 트렌디한 스폿도 속속 생겨나고 있다.
일주일을 주기로 바뀌는 점심 메뉴는 계절감 살린 제철 식재료로 만들어 더욱 건강하다.

Dia 17.

Vivir como el viaje
Viajar como la vida diaria

이곳에서 먹어본 대구 요리는 짜지 않고 지금까지 먹어본 대구 요리 중 최고였다.
홈메이드 딸기 셔벗도 훌륭했고 무엇보다 보석처럼 반짝이는 분위기가 좋다.

Pulitzel Hotel
Add: Carrer Bergara 8, 08002, Barcelona
Instagram: @thegreenhousebcn

Dia 18.

일요일의 정적을 깨우는
팔로 알토 마켓

Vivir como el viaje
Viajar como la vida diaria

매달 첫째 주말에 날씨가 좋으면 가는 곳이 있다. 아니 반드시 가봐야 하는 곳이다.
현지인들만 알고 가는 곳이기도 하다.
바르셀로나의 감각 있는 브랜드 제품과 스트리트 푸드를 맛보고, 먹고 마시고 즐기고 쇼핑까지
이 모든 것을 한번에 즐길 수 있는 매력 넘치는 팔로 알토 마켓Palo Alto Market이다.

매달 첫 번째 주 주말(토요일과 일요일)에만 열리고, 옛날 공장 건물을 개조해 쇼핑과 먹는 공간을
나누고, 중간 중간 뮤지션들의 소규모 공연도 펼쳐진다.
입장료 4유로로 하루 종일 이 모든 것을 즐길 수 있으며 바르셀로나의 젊고 감각 있는
크리에이터들을 만날 수 있는 보물 같은 곳이다.
스페인 브랜드 제품을 만날 수 있는데 시중 가격보다 10퍼센트 정도 저렴하며, 디자이너의 감성이
묻어나는 독특한 디자인의 제품을 구입할 수 있어 빈손으로 돌아온 적이 없다.

Palo Alto Market
Add: Carrer Dels Pellaires, 30~38, Barcelona
(메트로 4호선 셀바 데 마르Selva de Mar에서 하차, 걸어서 5분 거리)
Open: 매달 첫째 주 주말(토 · 일요일) 11:00~21:00
Instagram: @paloaltomarket
www.paloaltomarket.com

Vivir como el viaje
Viajar como la vida diaria

입장료를 내고 들어가면 오른쪽으로 푸드 트럭이 즐비하다.
각자 개성을 살려 아기자기하고 컬러풀하게 꾸며놓은 트럭에서는 정말 다양한 음식을 판매한다.
나는 일단 모리츠 맥주를 한잔 마시고, 쇼핑을 시작한다.

Dia 18.

Vivir como el viaje
Viajar como la vida diaria

바르셀로나 현지 아티스트나 디자이너들이 셀러로 나서기도 하는데,
사고 싶은 것을 고르고 골라 시크한 라탄 백(30유로)과 비키니를 구입했다.
나는 여름에 태어나서 그런지 여름과 바다가 좋다. 그래서 특이한 디자인의 스윔웨어를 보면
그냥 지나치지 못한다. 원단과 컬러, 패턴은 물론, 요즘 스윔웨어 트렌드인 레트로풍의 디자인이
마음에 들어서 구입했다. 또 에코 오디오와 가죽 다이어리도 선물용으로 구입했다.

한 켠에서는 먹거리를 판매한다.
카탈루나 지방의 신선한 치즈를 비롯해
홈메이드 쿠키와 케이크는
달콤한 향으로 지나가는 이들을 유혹한다.
그중에서도 '이건 먹어야 해!' 했던 것은
비주얼뿐만 아니라 맛도 유명한
포르투갈의 에그타르트 '파스텔 드 나타 Pastel de Nata'.
시나몬 파우더를 뿌려 먹는 그 맛이란!

Dia 19.

건물 꼭대기 층
햇살 가득한
에어비앤비 아파트

Dia 19.

Vivir como el viaje
Viajar como la vida diaria

오늘은 친구와 에어비앤비 아파트를 체크인하는 날이다. 친구가 우리 집에서 며칠 지내다
가보고 싶은 아파트를 렌트해 지내기로 한 것이다.
넓은 테라스가 있는 전형적인 스페인 건물로 무엇보다 전망이 너무 근사해서 예약했다.
우리가 사무실로 가서 키를 갖고 아파트를 찾아가는 시스템이라 체크인이 좀 불편했다.
하지만 여기는 유럽이고 그렇게 따지다 보면 한도 끝도 없다.
한국에서라면 상상도 할 수 없는 일이 여기서는 비일비재하다.
그런데 이제는 이런 시스템을 당연하게 받아들이고 있다. 그럴 때마다 '내가 여기 사람이 다
되어가는구나' 하는 생각을 한다.

아파트의 주소를 보니, 파세이그 델 그라시아Passeig del Gracia와 람블라 데 카탈루니아Rambla de
Catalunya 사이에 있다.
내가 자주 가는 카페 건물의 꼭대기 층, 즉 아티코Atico에 위치한 것이다.
유럽 사람들은 집 안 가득 햇살이 들어오고 전망이 좋은 아티코 층을 굉장히 좋아한다.
집 안으로 들어가자마자 보이는 테라스는 가히 환상적이었다.
오후 시간인데도 햇살이 화사하게 빛났고, 바람은 시원하고, 기분이 좋았다.
우리가 상상했던 정말 큰 테라스가 있는 스페인식 건물의 꼭대기층 아티코였다.

Apartment Info.

Reservation: www.airbnb.com
Price: 1박 200유로 정도

Dia 19.

짐을 풀고 아파트를 둘러본 뒤 산책에 나섰다. 아파트 건물의 1층에는 내가 자주 가는 체인 카페인
부에나스 미가스Buens Migas가 있고 건너편에는 5성급 호텔과 마트도 있다.
위치는 물론 깨끗하고 조용한 동네라서 마음에 들었다. 이 동네의 이름인 '엑삼플레Example'는 확장을
뜻하는데, 1850년대 대대적인 도시계획으로 태어나서 붙여진 이름이다.
세련되고 시크한 매력이 느껴지는 동네로 구시가지와는 또 다른 느낌으로 다가왔다.
구시가지가 고딕한 매력의 이탈리아스럽다면, 신시가지는 프랑스 파리스러운 느낌이다.
네모 반듯한 길에는 많은 숍과 카페, 레스토랑이 즐비하고, 넓고 깨끗한 거리는 왠지 편안해 보인다.
아파트를 나와 람블라 데 카탈루니아 거리를 지나 카레르 드엔릭 그라나도Carrer D'enric Granado로
걸어갔다.
엔릭 그라나도 거리는 현지인들이 즐겨 가는 카페나 레스토랑이 많고 조용하면서도 한적해서 좋았다.
우리는 디아고날Diagonal 거리까지 쭉 올라가기로 했다.

Vivir como el viaje
Viajar como la vida diaria

Dia 19.

Vivir como el viaje
Viajar como la vida diaria

내가 자주 가는 카페 겸 레스토랑
아우토 로세욘Auto Rosellon.
입구의 쨍한 블루 컬러가 늘 마음을 사로잡는다.
이 카페는 50년 동안 자동차 수리점이었던
공간을 개조했다고 한다.
규모는 작지만 실내는 무척이나 화사하고 아기자기했다
무엇보다 시선을 끄는 것은 오픈 키친.
신선한 재료를 사용해 요리하는 모습을
지켜볼 수 있어 재미있었다.
직원들이 친절하게 원두의 원산지를 설명해줘
한 번 더 감동했다.
정말 가족 같은 분위기가 느껴지는 곳이었다.
달지 않아 계속 먹게 되는 파운드케이크도
잊을 수 없는 맛이다.

Auto Rosellon

Add: Carrer del Rossllo, 182, 08008, Barcelona
Open: 월~수요일 08:00~01:00, 목 · 금요일 08:00~02:00,
토요일 09:00~02:00, 일요일 09:00~00:00
Instagram: @autoresellon

Dia 19.

엔릭 그라나도 거리의 중간쯤에는 더 아반트The Avant라는 스페인 브랜드 숍이 있다.
독특한 디자인이 많고 특히 소품이 마음에 들어 자주 들르는 곳이다.
바르셀로나의 디자이너가 운영하는 브랜드로 나는 내추럴한 분위기에 군더더기 없이 심플한
디자인의 옷을 가끔 구입한다.
그런데 오늘은 블랙과 화이트 패턴의 실크 블라우스가 눈에 들어왔다.
데님 팬츠에 입어도 스타일리시하고 블랙 스커트와 매치해도 세련돼 보일 것 같았다.

숍으로 들어가면 인테리어 소품이나 테이블웨어 등 다양한 제품이 있는데,
우리는 옷보다 소품과 그릇에 시선을 빼앗겼다.
역시 마음에 드는 제품은 가격대가 좀 있다는 사실을 실감하면서….
이사 계획만 없어도 한두 개는 구입했을 텐데 하면서 아쉬운 마음을 달랬다.
좋은 물건을 보면 디자인적인 영감도 떠오르는 것이 사실이다. 또 눈이 즐거우면 마음도 너무 즐겁다.
오늘은 나도 사람들의 마음을 즐겁게 해주는 좋은 물건을 만들어야겠다는 생각을 해본다.
주변을 둘러보면 아주 사소하지만 우리를 행복하게 만드는 것들이 정말 많다.
거리를 지나가는 사람들, 꽃집에 가득한 꽃들, 카페의 근사한 인테리어 등 모든 것이 나를 즐겁게
해주는 것 투성이다.

The Avant
Add: Carrer D'enric Granado 106, 08008, Barcelona
Open: 월~금요일 10:30~20:30, 토요일 11:00~14:30
Instagram: @the_avant
www.theavant.com

Dia 20.

온종일 테라스에
머물고 싶은 날

Vivir como el viaje
Viajar como la vida diaria

Dia 20.

Vivir como el viaje
Viajar como la vida diaria

어제도 몇 시간이나 유럽의 자갈길을 걸었고, 그동안 피로가 쌓였는지
어젯밤에는 숙소로 돌아와 씻자마자 잠이 들어버렸다.
오랜만에 숙면을 취해서인지 오늘 아침은 둘 다 컨디션이 좋았다.

우리는 마트에서 사온 크루아상과 커피로 테라스에서 소박하지만 근사한 아침을 즐겼다.
이 테라스에서라면 여름에는 태닝을 해도 좋을 거 같고,
저녁에는 와인을 마시며 식사를 해도 낭만적일 것 같았다.
테라스 너머로 야자수와 알록달록한 색감이 느껴지는 건물이 꽤 근사하게 어울렸다.
거기에 파란 물감을 풀어놓은 듯한 하늘이 어우러지니 딱 스페인스러웠다.

정말이지 하루 종일 테라스에서 머물러도 충분할 만큼 만족스러웠다.
집 밖을 나서면 사람들로 북적거리지만,
집 안으로 들어오면 싱그러운 햇살과 파란 하늘만 보였다.
아침의 싱그러운 햇살도, 오후의 따사로운 햇살도 마냥 좋기만 했다.

Vivir como el viaje
Viajar como la vida diaria

어느새 점심 시간이다. 참으로 시간이 쏜살같이 흐른다.
아파트 근처에 내가 자주 가는 카탈루니아 지방의 전통 요리인 타파스 레스토랑이 있는데,
오늘은 그곳에서 점심을 먹기로 했다.

타파스 전문점답게 타파스 종류가 무척 다양했는데, 제철 식재료를 사용한 메뉴 구성이 돋보였다.
또 음식의 양이 많지 않아 다양한 타파스를 맛볼 수 있다는 장점이 있다.
관광객이 많지 않아 더 사랑하는 곳으로, 직원들도 친절하고 게다가 맛은 물론 가격도 괜찮은 편이다.

우리는 화이트 와인 한 잔씩과 하몽, 판 콘 토마테, 문어 샐러드,
대파구이(겨울부터 초봄까지 먹는 카탈루니아 지방의 전통 요리),
해산물 파에야를 주문했다. 음식은 모두 기대 이상이었다.

El Mercader de L'eixample 엘 메르카데르 데 르'에익삼플레
Add: Carrer de Mallorca 239, 08008, Barcelona
Open: 월·화·수·일요일 13:00~23:00, 목~토요일 13:00~23:30
Instagram: @elmercaderdeleixample

E

Dia 20.

Med winds

Vivir como el viaje
Viajar como la vida diaria

스페인에는 유명한 의류 브랜드가 은근 많다. 유명 브랜드인 로에베Loewe를 스페인이 아니라
프랑스 브랜드로 알고 있는 사람도 꽤 많았다.
파세이그 델 그라시아의 로에베 매장을 구경하고, 그 옆의 람블라 데 카탈루니아 거리를 걸었다.
그 거리는 많이 알려지지 않았지만 많은 스페인 브랜드 숍이 자리 잡고 있다.

거리를 따라 올라가다 보면 중간쯤에 메드 윈드스Med Winds라는 스페인 브랜드 숍이 보인다.
원래는 라발 지구에서 시작된 브랜드로 지금은 바르셀로나에 라발 지구와 이곳 두 군데 매장이 있다.
바르셀로나를 기반으로 하는 브랜드로, 디자이너는 지중해에서 영감을 받는다고 한다.
이탈리아와 스페인의 소규모 공장에서 제품을 생산하며, 부자재까지도 로컬에서 공급 받는다고 하니
진정 바르셀로나 브랜드임이 분명하다.
과하지 않은 자연스럽고 편안한 스타일이 주를 이루며 슈즈, 의류, 액세서리 등 다양한 제품을
선보인다. 나는 여름에 롱 원피스와 셔츠 원피스를 좋아하는데, 여기서 자주 구입한다.
흔하지 않은 디자인에 품질까지 좋은 옷을 구입하는 것은 정말 즐거운 소비가 아닐까.

Med Winds 람블라 데 카탈루니아 지점
Add: Rambla de Catalunya 100, 08008, Barcelona
Open: 월~토요일 10:00~20:30

Med Winds 라발 지점
Add: Carrer Elisabets 7, 08001, Barcelona
Open: 월~토요일 10:00~21:00
Instagram: @medwinds
www.medwinds.com

Dia 21.

가우디의 카사밀라에서
황홀한 식사를

como el viaje
como la vida diaria

엑삼플레 지구는 세계적인 명품 숍과 가우디의 건축물로 유명한 카사밀라와 카사바트요가 있는
파세이그 델 그라시아 거리를 중심으로 오른쪽과 왼쪽으로 나뉜다.
이곳은 거리도 넓고 깨끗하며 시크한 매력이 넘쳐난다.
그런데 한 가지 주의할 점은 사각형의 반듯한 구조로 길을 잃으면 어디가 어디인지 헤매기 십상이다.
나도 바르셀로나에 처음 왔을 때 혼자 돌아다니다 람블라 데 카탈루니아와 파세이그 델 그라시아가
헷갈려 길을 잃고 한참을 헤맨 적이 있다. 처음에는 여기가 거기 같고, 거기가 여기 같아서 방향
감각을 잃었던 적이 많다.

이곳은 바르셀로나의 랜드마크라 할 만큼 유명한 쇼핑 거리다. 우아하고 웅장한 건물을 보는
재미뿐만 아니라 보기만 해도 오감을 만족시키는 다양한 숍은 관광객들의 시선을 사로잡기 충분하다.
항상 많은 사람들로 북적이는 카사바트요를 지나 쭉 올라가면, 인간이 창조한 아름다움의 절정을
보는 듯한 여성미가 듬뿍 묻어나는 카사밀라가 보인다.

Día 21.

Vivir como el viaje
Viajar como la vida diaria

카사밀라는 가우디가 건축한 스페인을 대표하는 건축물이다.
도저히 사람이 일일이 손으로 만들었다는 사실이 믿겨지지 않을 만큼 섬세한 정교함이 돋보인다.

카사밀라 1층 레스토랑 역시 실내에 들어서면 유려한 곡선의 아름다움이 시선을 압도한다.
우아하다는 표현이 식상하게 느껴질 만큼 웅장하면서도 섬세한 건축적 아름다움을 느낄 수 있다.
백사장을 형상화했다는 천장의 예술적 아름다움은 또 어떤가.
정교한 곡선의 흐름과 그 옆의 돌 기둥, 아름다운 온갖 색들의 향연은 넋을 잃고 바라보게 만든다.
앤티크한 테이블과 의자, 곳곳에 놓인 꽃까지 이곳에서는 음식을 먹지 않아도 배가 부르고 술을
마시지 않아도 취하기 충분하다.

레스토랑에 들어서자마자 친구가 말했다. "바르셀로나는 어디를 가도 여기가 바르셀로나구나 하는
느낌이 들어. 현대적인 문명과 옛것의 고풍스러운 아름다움이 공존하거든. 마치 시간을 거슬러
여행을 하는 기분이야."
정말 그렇다. 나는 이곳에 살면서 서울에서는 느끼지 못했던 오래된 것에 대한 아름다움과 가치를
온몸으로 느끼고 있다.

Dia 21.

우리는 아보카도 샐러드와 그릴에 구운 문어 그리고 오리 요리를 주문했다.
당연히 음식의 맛을 더욱 풍성하게 만드는 화이트 와인 한잔을 빼놓을 수는 없다.
평소에는 레드 와인을 좋아하지만, 점심을 먹을 때는
부드러운 맛과 상큼한 향이 음식 맛을 돋우는 화이트 와인을 곁들이는 편이다.

Café de la Pedrera 카페 데 라 페드레라

Add: Passeig de Gracia 92, 08008, Barcelona
Open: 월~일요일 08:30~24:00
Instagram: @cafedelapedrera

Vivir como el viaje
Viajar como la vida diaria

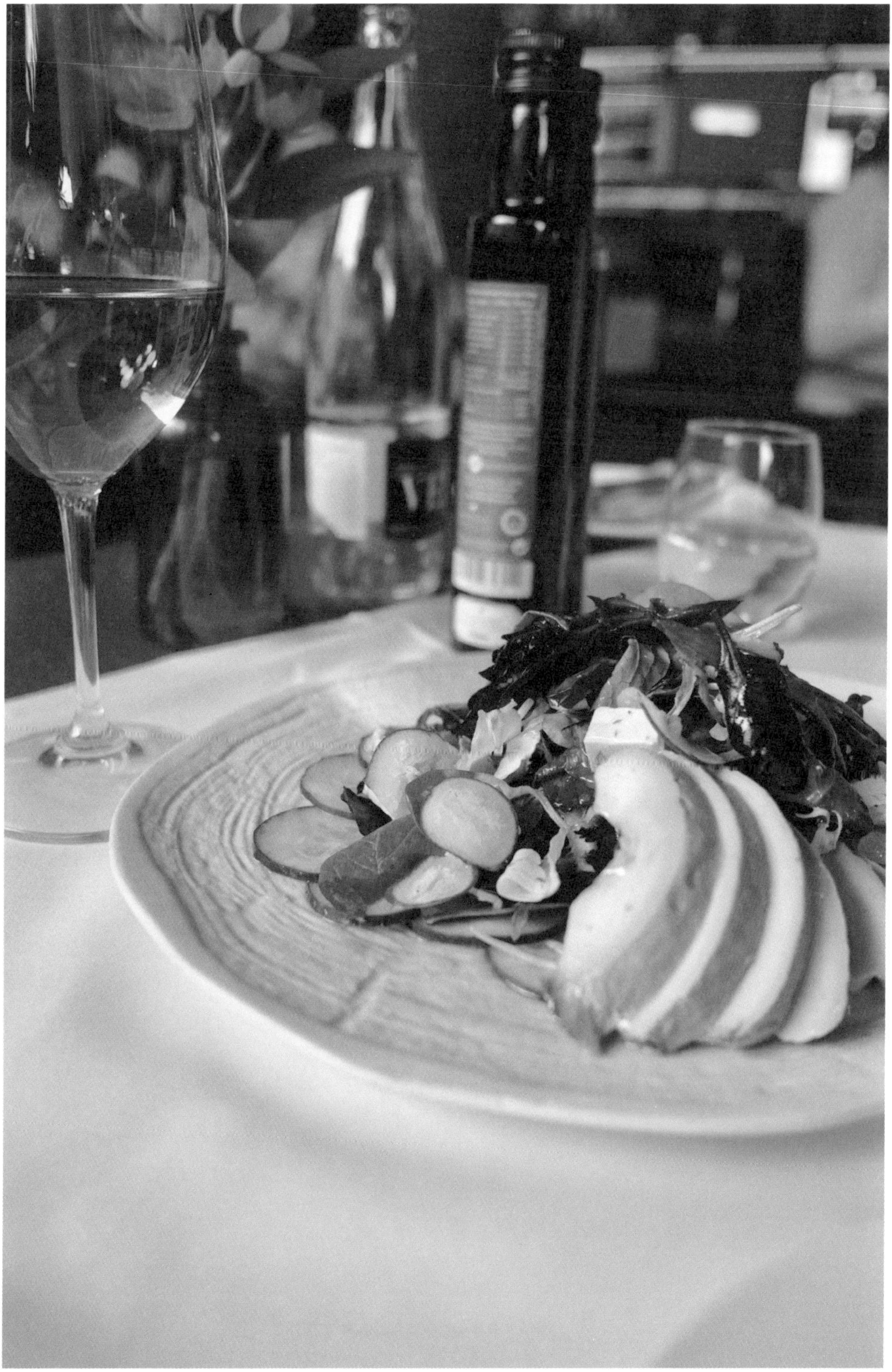

Dia 21.

Vivir como el viaje
Viajar como la vida diaria

오늘은 에어비앤비 아파트를 체크아웃하고, 한 번쯤 꼭 가보고 싶었던 호텔 카사보나이Casa Bonay로
향했다. 나는 카사보나이 호텔 1층에 있는 사탄커피도 자주 가고, 여름에는 루프톱 바에서의 시간도
즐기곤 한다. 이곳에 묵지 않아도 1층 로비의 카페 겸 바도 분위기가 좋고, 사탄커피나 루프톱 바에서
브런치를 먹어도 좋다.

이 호텔은 19세기 보나이 가족이 살았던 건물로, 시간의 두께가 켜켜이 쌓인 오래된 건물의
고풍스러운 모습은 간직하면서 현대적인 감각의 디자인으로 새 옷을 입은 건물이다.
바르셀로나 특유의 지중해 무드가 인테리어에 녹아 있어 바닥 타일, 의자와 이불, 조명까지
스페인다운 아이덴티티를 보여주고 있다.
건물에 들어서는 순간, 우리는 마치 영화 세트장에 들어선 듯 신기하며 호텔을 샅샅이 둘러보았다.
룸의 문짝까지 예술적 감각을 충족시키는 곳이다.

Casa Bonay 카페 에마
Add: Gran Via de les Corts Catalanes 700, 08010, Barcelona
Price: 우리가 예약한 룸(Courtyard Large Terrace) 1박에 약 200유로
www.casabonay.com

호텔은 직원들의 서비스도 만족스럽고 다른 룸보다 가격은 조금 비싸지만
테라스가 딸린 룸은 우리의 기대를 저버리지 않았다.
어메니티 치약도 귀여운 디자인의 마비스이며, 구석구석 어느 하나 허투루인 게 없었다.
우리는 테라스를 보자마자 "와~" 하는 탄성을 질렀다.
"저기 하늘 좀 봐봐. 이렇게 예뻐도 되는 거야?" 나는 친구에게 호들갑스럽게 소리쳤다.
테라스의 그린 가득한 나무와 선베드, 테라스 밖으로 보이는
스페인 건물 특유의 분위기가 완벽한 조화를 이뤘다.
우리는 한 발짝도 나오기 싫어 저녁을 호텔에서 즐기기로 했다.
테라스의 선베드에 누워 오후의 한가로움을 즐기고 나서 1층 로비 라운지로 내려갔다.
이곳은 단순한 호텔이 아니다.
우리 안에 숨어 있는 예술적 감성을 톡 건드리는 작품 같은 공간이다.

Vivir como el viaje
Viajar como la vida diaria

Dia 22.

인공적인 건축물과 드넓게 펼쳐지는 파란 하늘의 조화

En Spain

Dia 22.

우리는 잠옷 차림으로
테라스에서 커피를 마셨다.
이 테라스를 그대로 우리 집으로
가져가고 싶다는 생각을 하면서….
친구가 "미세먼지 걱정이 없는
바르셀로나의 깨끗한 공기를
서울로 가져가고 싶어."라고 말했다.
나는 "예쁜 테라스도, 바르셀로나의 공기도 모두
집으로 가져가고 싶은 우리는 너무 욕심쟁이일까?"
하고 말하며 한참을 웃었다.

E

Dia 22.

Vivir como el viaje
Viajar como la vida diaria

밖으로 나오기 싫을 만큼
룸에서의 뒹굴거림은 꽤나 매력적이었다.
그래도 여행의 걷는 즐거움은 포기할 수 없는 법.
거리는 비교적 한산했고,
자전거를 타는 사람이 자주 눈에 띄었다.
엑삼플레는 자전거도로가 잘 조성되어 있어
현지인들은 자전거를 교통수단으로 이용하는 편이다.
자연과 문명의 완벽한 조합을 보는 듯
인공적인 건축물과 드넓게 펼쳐지는 파란 하늘이
사이좋게 어우러져 있었다.
갑자기 이 동네가 너무 좋아졌다.

Dia 22.

지인 부부와 함께 네 명이 프렌치 비스트로에서 저녁 식사를 하기로 했다.
프랑스다운 내추럴한 인테리어와 자유로운 분위기 속에서 즐기는 프랑스 음식과 와인. 모든 것이 프렌치 감성으로
똘똘 뭉쳐 있었다. 곧바로 프랑스 음식의 진수를 경험할 수 있는 맛의 미각이 펼쳐졌다.
우리가 주문한 하몽과 판 콘 토마테, 홍합 요리, 부라타 치즈 트러플 샐러드, 스테이트 두 접시, 레드 와인이
테이블에 세팅되었다.
모든 음식이 기대 이상으로 훌륭했지만, 직원이 추천한 와인은 가성비가 좋아 또 한번 감탄했다.

웃고 떠들고 그렇게 저녁 8시부터 시작된 식사는 11시가 되어서야 마무리되었다.
시간이 이렇게 빨리 지나갔다는 사실도 놀라웠지만, 이제 나도 스페인 사람들처럼 식사한다는 사실에 또다시 놀랐다.
내게 있어 좋은 사람들과 웃고 마시며 즐기는 식사는 건강한 영혼을 일깨우는 일종의 의식과 같다.
나의 영혼을 건강하게 만들어주는 그들과의 인연에 거듭 감사하고 싶은 날이다.

Café Emma 카페 엠마
Add: Carrer de Pau Claris 142, 08009, Barcelona
Open: 월~금요일 08:00~23:30, 토 · 일요일 09:00~23:30
Instagram: @cafeemmabarcelona
www.cafe-emma.com

Vivir como el viaje
Viajar como la vida diaria

Dia 23.

비밀의 정원에서의
식사는 어떤가요?

Dia 23.

카사보나이 호텔에서의 하루가 이어졌다.
아티코 층에는 테라스가 두 곳 있다. 한곳은 호텔에 묵는 손님만 이용할 수 있으며,
다른 곳인 치링기토Chiringuito는 누구나 와서 즐길 수 있다.
마치 비밀의 정원같이 햇볕은 뜨겁게 내리쬐지만 초록과 시원한 바람이 공존하기에 전혀 답답하다는 느낌이 들지 않았다.
손만 뻗으면 파란 하늘이 잡힐 것처럼 가깝게 느껴졌다. 알록달록 건물에 걸려 있는 빨래마저 정겹게 다가왔다.
바르셀로나는 햇살이 좋아 여름에는 빨래가 두세 시간 만에도 바싹 마른다. 보송보송한 빨랫감을 걷을 때의 그 기분이란!

나는 바르셀로나의 여름을 좋아한다. 저녁이면 라운지 바로 변하는 루프톱에서 저녁 식사를 즐길 수 있기 때문이다.
10시쯤 되면 노을이 지기 시작하는데, 그 하늘을 안주 삼아 좋아하는 사람들과 수다를 떨며 즐기는 모히토 한잔은
여름밤이 우리에게 주는 선물이다.

Vivir como el viaje
Viajar como la vida diaria

Vivir como el viaje
Viajar como la vida diaria

호텔에서만 시간을 보내도 충분히 만족스럽지만, 친구에게 보여주고 싶은 곳이 너무 많다.
오늘은 체리Cheri 레스토랑으로 향했다. 그곳까지는 한 시간 정도 걸어야 한다.
여행은 인생과 닮아 있어 목적지를 향해 가지만 그 과정을 즐겨야 한다.
그렇게 우리는 걷고 떠들고 웃으며 산책을 즐겼다.
체리 레스토랑은 무엇보다 스페인 스타일의 타파스가 맛있고, 프랑스 감성의 테라스석과
실내도 정말이지 근사하다.
우리는 카바와 상그리아, 하몽, 판 콘 토마테, 꼴뚜기튀김이라 할 수 있는 치피로네스 프리토스
Chipirones Fritos를 주문했다. 바르셀로나에 왔으면 달콤한 상그리아는 물론, 톡 쏘는 카바도 꼭
마셔봐야 한다. 우리는 진정 스페인을 느낄 수 있는 모든 것이 차려진 식탁을 음미했다.

Cheri
Add: Carrer D'enric Granado 122, 08008, Barcelona
Open: 월~일요일 09:00~01:00

Dia 23.

Vivir como el viaje
Viajar como la vida diaria

바르셀로나는 팔색조의 매력을 품고 있는 도시다. 거리마다 혹은 가는 곳마다 이렇게 분위기가
다를 수 있을까 감탄하곤 하니까.
내가 좋아하는 디아고날 거리는 프랑스 파리를 느낄 수 있는 곳이다.
엑삼플레 지구는 현대적이고 모더니즘한 반면, 고딕과 보른 지구는 중세적인 느낌이 물씬 풍긴다.
그래서 어느 곳을 가느냐에 따라 옷차림과 스타일링을 달리한다.
보른과 고딕 지구는 이탈리아의 느낌이라 파나마 해트를 쓰고 캐주얼한 스타일링을 즐긴다.

그라시아나 디아고날 거리는 모던한 느낌이라 블랙의 시크한 스타일링이 거리 풍경과 잘 어울린다.
그래야 사진을 찍어도 배경과 옷차림이 멋있게 어우러져 화보 같은 사진을 소장할 수 있다.

우리는 점심을 먹고 디아고날 거리를 걷기로 했다. 거리는 넓고 단정하며 해외 브랜드 숍을 비롯해
스파 브랜드, 백화점까지 이어져 있다.
그래서 어디에 시선을 두어도 눈이 즐겁고 볼거리가 풍성해 전혀 지루하지 않다.

(E)

Dia 24.

바르셀로나에서
가장 높은 곳으로

Dia 24.

Vivir como el viaje
Viajar como la vida diaria

바르셀로나에서 가장 높은 곳이라고 하는 티비다보Tibidabo.
바르셀로나의 전망이 궁금하다면 이곳이 정답이다.
시내에서는 조금 떨어져 있어 한적한 스페인을 느낄 수 있고,
유명 관광지답지 않아 애정하는 곳이다.

그라시아 지구에서 조금만 넓게 지도를 보면 티비다보 산이 있다.
오늘 우리의 목적지는 티비다보 산의 전망대와
100년도 넘은 세계에서 두 번째로 오래된 놀이공원이다.
우리 앞에 또 어떤 즐거움이 펼쳐질지 한껏 기대에 부풀었다.

Doris' Special Tip

카탈루냐 광장에서 t2a 버스를 이용해 티비다보로 가면 된다.
티비다보 산까지 올라간 다음에는 티비다보 놀이공원과 성당까지는
푸니쿨라로 이동하면 된다.

Vivir como el viaje
Viajar como la vida diaria

'늦은 밤의 야경은 또 얼마나 아름다울까?' 하는 궁금증을 자아내는 이곳은 주말 저녁에는 클럽으로 바뀌기도 한다. 나는 주말에 마틸다와 남편과 함께 티비다보 산으로 등산을 즐기는데, 어릴 적 소풍 기분을 내기 위해 도시락을 싼다.
소풍을 마치고 집으로 가는 길에 이곳에서 시원한 맥주를 들이켜는 그때의 기분이란, 이런 호사를 누릴 수 있다는 것에 감사하게 된다. 날씨가 맑으면 사그라다 파밀리아까지 보이는데, 뭔지 모를 해방감이 몰려온다.
우리는 맥주와 커피, 고소한 케소 만세고Queso Mancehgo 치즈를 넣은 보카디요Bocadillo를 먹고 바르셀로나를 하염없이 바라보았다.

Mirablau 미라블라우
Add: Plaza del Doctor Andreu, 08035
Open: 월~목요일 11:00~03:00, 금 · 토요일 10:00~05:00,
일요일 10:00~03:00
Instagram: @mirablau_bcn

Dia 24.

Vivir como el viaje
Viajar como la vida diaria

미라블라우 바에서의 전망은 예고편에 불과했다.

우리는 1인 왕복 7.7유로를 지불하고 푸니쿨라를 탔다. 티비다보 푸니쿨라는 발비드레라, 몬주익과 함께 바르셀로나의 3대 푸니쿨라로 불리는데, 1901년 처음 운행하기 시작해 지금까지도 운행되고 있는 빈티지한 작은 열차다.

스페인식으로 꾸준히 현대화 작업을 해 안전하다고 하지만 실제로 타면 살짝 무섭기도 하다.
그럼에도 우리는 푸니쿨라를 탈 수밖에 없다.

산으로 둘러싸인 좁은 길은 올라가면서 보이는 경치는 물론이거니와 아래로는 바르셀로나가 한눈에 내려다보인다. 그야말로 어디에서도 볼 수 없는 절경이 펼쳐진다.

그러니 가급적 기차의 맨 앞칸에 타길 권한다.

푸니쿨라는 아주 금세 이삼 분 만에 도착하는데, 눈앞에 펼쳐지는 성당과 경치에 연신 "우와~!" 하는 말밖에 나오지 않는다. 이 풍경을 설명할 수 있는 적합한 감탄사를 찾지 못하는 나의 표현이 원망스러운 순간이다.

우리는 알록달록 동심을 자극하는 놀이기구를 보는 순간 어린 시절로 돌아간 듯 마냥 신나했다.

놀이공원에서 내려다보는 전망은 또 어떤가? 인간과 자연이 함께 빚어낸 풍경이라 더욱 경이롭다.

어쩌면 우리 인간은 자연과 함께하기에 아름다운지도 모른다.

이 풍경 앞에서 우리가 할 수 있는 일이라고는 그저 끊임없이 셔터를 눌러대는 것이 전부였다.

Dia 24.

알록달록한 모습이 정겨운 놀이공원은 빈티지한 분위기가 더해져 우리의 마음을 더 세차게 흔들었다.
더구나 고개만 돌리면 바르셀로나의 아름다운 전경이 끝없이 펼쳐졌다.
우디 앨런이 바르셀로나를 배경으로 한 영화 〈비키 크리스티나 바르셀로나〉에도 등장했던 곳으로,
우리나라의 놀이공원처럼 거대한 규모가 아니어서 아기자기한 매력이 있다.
친구는 이 놀이공원을 보자마자 "이곳에 단 한 번도 가보지 못한 사람은 있겠지만, 한 번만 오는
사람은 없을 거야. 이곳에 한 번 오고 나면 반드시 또 오고 말 테니까." 하고 말했다.
나는 그 말에 마음속으로 '친구야, 다음에 바르셀로나에 오면 꼭 또다시 오자' 하고 대답했다.

En Spain

Dia 24

지상 512미터 언덕에는 1962년에 완공된 '예수의 신성한 심장'을 뜻하는 사그라트 코르Sagrat Cor
성당이 있다. 전형적인 고딕 양식으로 웅장하면서 장엄함이 느껴지는 건물의 첨탑이 하늘과 맞닿아
있는 듯 느껴졌다.
이토록 아름다운 건축물을 만들어낸 인간의 위대함이 느껴지는 순간이었다. 이 성당의 건축에
참여했던 사람들은 자신들이 얼마나 위대한 일을 했는지 알고 있을까 하는 의문이 들었다.
어쩌면 그들은 묵묵히 그저 하루하루 자신에게 주어진 작업에 몰두했는지도 모른다.
우리의 인생도 그렇다.
내가 매일 엄청난 일을 하는 게 아니라, 내게 주어진 일을 성실히 해내면 그만이다.
좋은 결과가 주어지면 좋겠지만, 그렇지 않아도 할 수 없다.
집으로 가는 길, 빨간색 티비다보 점퍼를 입은 푸니쿨라를 운전하는 할아버지를 보면서 매일매일
성실하게 일한다는 게 이런 모습이 아닐까 생각해본다.

Dia 25.

Dia 25.

엄마의 집밥이
생각나는 날

.

Dia 25.

Vivir como el viaje
Viajar como la vida diaria

일요일의 시간은 천천히 흘러갔다.

배는 고프지만, 무얼 먹고 싶은지 도통 알 수가 없었다. 그러다 느닷없이 내 입에서

"아, 엄마가 해준 밥이 먹고 싶어." 하는 말이 툭 튀어나왔다.

이제는 덜하지만, 여전히 마음 한구석에는 한국에 대한 그리움이 자리한다.

가끔 몸이라도 아플 때는 엄마가 차려준 집밥이 간절했다.

연상작용처럼 '엄마의 카페'를 뜻하는 마마스 카페Mama's Café가 떠올랐다.

그라시아 지구에 있는데, 일요일에도 문을 열어 브런치를 먹기로 했다.

우리는 치킨 샌드위치와 오늘의 요리 중 하나를 주문했다.

둘 다 기대 이상으로 맛있었는데, 새우가 들어간 오늘의 요리는 아주 훌륭했다.

마마스 카페는 엄마가 만들어주는 음식이 컨셉트로 퓨전 스타일의 스페인 음식을 맛볼 수 있다.

이곳에서 직접 만드는 케이크와 커피를 맛보며 현지인들의 평화로운 일상을 엿보는 것도 소소한

즐거움이리라. 그렇게 일상의 따스함이 배어 있는 시간이 흐르고 있었다.

Mama's Café

Add: Carrer de Torrijos 26, 08012, Barcelona

Instagram: @mamascafebcn

Dia 26.

아기자기한
로컬 숍이 가득한
그라시아 산책

Vivir como el viaje
Viajar como la vida diaria

Dia 26.

Vivir como el viaje
Viajar como la vida diaria

그라시아는 원래 바르셀로나 시가 아닌 독립적인 지역이었는데 도시 재정비를 하면서
1897년 바르셀로나 시에 공식적으로 통합되었다고 한다.
낮에는 비교적 조용하고 한적해서 걷는 즐거움도 느낄 수 있지만, 밤이 되면 왁자지껄한
스페인 사람들 특유의 흥이 넘치는 양면적인 매력을 지닌 곳이다.
스페인의 민낯이 보고 싶다면, 이곳을 추천한다.
그만큼 그라시아는 스페인을 고스란히 느끼고 경험할 수 있을 것이다.

요즘 바르셀로나에서 가장 핫하고 에너지가 넘치는 곳이라면, 그라시아 지구 근처라 할 수 있다.
독특한 쇼핑 아이템도 많고, 아직은 관광객들로 북적이지 않아
현지인들이 애정하는 맛집을 찾는 재미도 있다.
고가의 화려한 브랜드 숍이 아니라 아기자기한 분위기의 로컬 숍이 즐비해 골목골목 누비다 보면
스페인만의 소박하면서 정겨운 분위기를 한껏 느낄 수 있다.

아침 일찍 집을 나서서 구엘 공원을 한 바퀴 돌았다.
구엘 공원은 바르셀로나의 랜드마크로 워낙 유명한 관광지인 까닭에
건너뛰기에는 자신이 없었다. 분명 후회할 것이기 때문이다.
가우디의 상상력과 창의적인 예술 감각이 어우러진 구엘 공원은
자연과 인간을 배려한 마음이 고스란히 느껴진다.
구엘 공원의 꽃이라 불리는 타일 벤치는 타일 하나하나에서도 예술적인 정교함과 색감이 돋보인다.
또 구엘 공원은 건물마다 바람이 흐르는 듯한 곡선의 아름다움이 압권이다.
문득 이런 위대한 작품을 배경으로 조깅을 하는 사람들이 너무나 부러웠다.

Vivir como el viaje
Viajar como la vida diaria

Dia 26.

ALARMA
24 HORAS
📞 902 121 122
CON GRABACIÓN
DE IMÁGENES

Vivir como
Viajar como

골목골목 우리를 열광시키는 숍이 끊임없이 이어졌다.
그래서 내린 결론은, 그라시아 지구는 걸어다녀야만 진짜 이곳의 매력을 알 수 있다는 것.
비교적 한적한 골목으로 내려오다 우리의 예리한 레이더망에 잡힌 카페가 있었다.
우리는 자석에 이끌리듯 어떠한 망설임도 없이 카페 메카닉Mecanic으로 들어갔다.
언뜻 북 카페에 온 듯한 기분이 들었고, 실내를 둘러보니 그림이 전시되어 있는 공간도 있었다.
주인 아저씨가 불어를 사용하는 것으로 봐서 외국인 부부가 운영하는 것 같았다.
인테리어는 물론 커피잔 등의 테이블웨어도 마음에 쏙 들었다. 지나가다 무심코 들렀는데,
내 스타일의 스폿을 발견하면 그렇게 흐뭇할 수가 없다.
이곳도 내 카페 리스트에 추가했음은 당연하다.

Mecanic
Add: Carrer de Verntallat 30, 08024, Barcelona
Instagram: @mecanic.barcleona

Vivir como el viaje
Viajar como la vida diaria

Dia 26.

Vivir como el viaje
Viajar como la vida diaria

유럽의 이름 모를 광장에 앉아 시간을 보내는 것은 늘 옳다.
나는 노천카페에서 햇살을 받으며 커피를 마시고,
일상적으로 찍은 사진을 정리하고,
이곳 사람들의 삶을 바라보는 것을 좋아한다.
그라시아 지구에서의 산책이 특히 더 즐거운 이유는
걷다 보면 중간 중간 만나게 되는 운치 있는 광장들 때문일지도 모른다.
여행은 그런 것이다.
바쁘게 돌아다니며 눈도장을 찍는 것도 좋지만,
이렇게 아무것도 하지 않고 마냥 여유를 부려보는 것도 필요하다.
반드시 쉬어 가는 시간이 필요하다는 것이 내 생각이다.

Dia 27.

선물 같은
지로나의 시간

Vivir como el viaje
Viajar como la vida diaria

친구한테 바르셀로나와는 다른 느낌의 한가롭고 조용한 도시를 보여주고 싶었다.
지로나Girona와 카다케스Cadaques이다.
지로나는 바르셀로나보다 북쪽에 위치하는데, 기차나 차로 가면 한 시간 30, 40분 정도 걸린다.
카다케스는 지로나보다 좀 더 북쪽에 위치하며, 바르셀로나에서는 세 시간 넘게 걸리고 지로나에서는
한 시간 30분 정도 걸린다.
나는 매년 이 두 곳을 다녀오는데, 친구와 함께하는 마지막 일정으로 지로나와 카다케스에
다녀오기로 했다.
먼저 지로나에 가서 하루를 보내고 카다케스로 이동하기로 했다.

Vivir como el viaje
Viajar como la vida diaria

미국 드라마 〈왕좌의 게임〉의 배경지로도 유명한 지로나는 중세의 분위기를 고스란히 간직하고 있는
구시가지와 신시가지로 나뉜다.
구시가지와 신시가지를 나누는 오나르 강과 그 주변의 알록달록 색채가 독특한 집들은 한 폭의
그림처럼 아름답다. 마치 이탈리아의 피렌체 같은 분위기랄까.
차로 한 시간 넘게 달리다 보니 멀리서 대성당이 보이기 시작했다. 지로나에 도착했음을 알리는
표지판이라 할 수 있다. 차를 스치고 지나가는 푸르른 녹음을 보며 친구한테 말했다.
"인생의 모든 것이 만남이 있으면 헤어짐도 있는 것 같아. 오늘 우리가 만나는 모든 것도 헤어질
수밖에 없다면 그 순간을 온전히 즐기는 방법밖에 없을 거야."

Dia 27.

Vivir como el viaje
Viajar como la vida diaria

오늘의 룩은 페미닌하면서도 시크하지만 활동하기에도 편한 원피스로 완성시켰다.
지로나는 중세 도시의 분위기를 간직하고 있으며, 바닥이 돌이라서 편한 스니커즈를 신었다.
블랙 원피스에 화이트 스니커즈의 조합은 탁월한 선택이었다.
서울에 한강이 있다면 지로나에는 오나르 강이 있다. 오나르 강의 주변으로 쭉 이어지는 알록달록
파스텔 톤의 아기자기한 집들은 동화책을 그대로 옮겨놓은 듯했다.
하지만 실제 사람들이 사는 집이라 바람에 나부끼는 빨랫감조차 너무나 귀여웠다.

Dia 21

Vivir como el viaje
Viajar como la vida diaria

여행의 최대 고민이자 가장 큰 즐거움인 오늘은 뭘 먹을까?
우리는 바르셀로나에도 두 곳이 있고, 스페인 곳곳에 지점이 있는 페데랄 카페Federal Café로
가기로 했다.
어디를 가도 기본은 하는 페데랄 카페는 편안한 공간이 보장되기 때문이다.
내가 가장 좋아하는 에그 베네딕트와 아보카도 토스트, 토마토 수프를 주문했다.
음식이 들어가자 날씨가 꽤 쌀쌀했던 탓에 추웠던 몸이 사르르 녹았다.

Federal Café Girona

Add: Carrer de la Forca 9, 17004, Girona
Open: 월~수요일 08:30~23:00, 목~토요일 08:30~00:00, 일요일 08:30~18:00
Instagram: @thefederalcafegirona

(E)

Dia 27.

점심을 먹고 나서 성곽 길을 걷기로 했지만,
등산 수준의 난이도인 관계로 지로나 골목골목을 구경하기로 했다.
그저 발길이 닿는 대로 걷다가 오나르 강을 따라 걸으면서
'중세 시대 느낌이 물씬 풍기는 이 도시를 어찌 사랑하지 않을 수 있으랴'
하는 생각이 들었다.

친구도 나와 같은 생각을 했는지
"번잡한 서울이나 바르셀로나와 달리 이런 곳에서의 일상은 어떨까?
너무나 한적하고 평온해서 딱 한 달만 이곳에서 살아보고 싶어." 하고 말했다.
자신의 삶의 패턴이나 취향에 따라 어쩌면 이 도시는 무료하게 다가올 수도 있다.
하지만 분명한 것은 이런 여유로움이 지금 이 순간,
우리에게는 소중한 선물로 다가왔다는 사실이다.

Vivir como el viaje
Viajar como la vida diaria

E

Dia 27.

Vivir como el viaje
Viajar como la vida diaria

Dia 28.

어촌을 닮은
작고 소박한
카다케스

Vivir como el viaje
Viajar como la vida diaria

내가 지금까지 가본 유럽의 도시 중에서 가장 좋아하는
카다케스로 향했다.
살바도르 달리, 파블로 피카소, 마르셀 뒤샹, 호안 미로 등
수많은 예술가가 사랑했고 아름다운 지중해 해변 코스타
브라바Coasta Bravark가 매력적인 작은 어촌 마을 같은
카다케스는 정말 딱 한 달만 살아보고 싶은 곳이다.
작고 조용한 이 도시에는 조용한 해변 근처에 별장이
들어서 있는데, 여름 시즌을 제외하고는 정말 한적하다.
그래서 나는 사람이 많은 한여름보다 이른 여름에 가는
것을 좋아한다.
지로나에서 카다케스로 들어가는 길은 정말 험난하다.
가파르고 위험한 좁은 도로를 따라 산을 넘어 한참을
달려가야 한다.
하늘과 맞닿아 있는 듯 높고 구불구불한 길을 달리다
보면 속이 불편해지기도 한데, 저 멀리 바다와
카다케스의 새하얀 집이 보이기 시작했다.
하지만 고생한 만큼 충분한 보상이 기다리고 있었다.

Dia 28.

카다케스는 정말 손바닥만 하다는 표현이 어울리는 작은 마을이다.
곳곳에 파란 하늘과 어울리는 이정표가 있어 예약한 솔 익센트Sol Ixent 호텔을 찾는 건 어렵지 않았다.
작지만 깨끗하고, 끝없이 펼쳐지는 바다 끝에 위치해서 반짝이는 바다를 마냥 바라볼 수 있는 호텔이다.
나는 카다케스에 올 때마다 이곳에서 묵는데, 룸에 올라가자 바다와 수영장이 시원하게 펼쳐졌다.

보통 이른 여름에 카다케스에서 3일 정도 머무르는데, 작년에는 너무 피곤하고 예민한 상태로 왔다가
4일 정도 쉬고 나니 컨디션도 회복되고 생기를 되찾을 수 있었다.

Hotel Sol Ixent Cadaques
Price: 비수기라 아침 식사 포함 93유로에 예약했지만, 성수기에는 가격이 두세 배 비싸다.
Reservation: www.airbnb.com

스페인 동쪽의 해안 코스타 브라바에 위치한 카다케스는
에메랄드빛의 바다만으로도 충분히 매혹적이다.
바다가 얼마나 맑은지 바닥이 다 보일 만큼 맑고 깨끗하다.

Día 28.

Vivir como el viaje
Viajar como la vida diaria

E

Dia 28.

Vivir como el viaje
Viajar como la vida diaria

호텔은 카보 데 크레우스Cabo de Creus 끝에 있는데, 해안을 따라 걷기로 했다.
별장일까, 가정집일까 궁금증을 자아내는 집들을 구경하는 재미도 쏠쏠했다.
보통 멀리서 보면 알록달록한 공들이 떠 있는 것처럼 배들이 있는데,
바라보고 있으면 옹기종기 귀엽다.

바다 앞에는 텔레비전 프로그램 〈윤식당〉에 나옴 직한 소박한 식당이 있다.
친절한 사람들이 정성을 다해 만든 음식을 맛볼 수 있는 곳이다.
일단 그곳에 가면 음식을 만드는 사람도, 음식을 먹는 사람 모두
표정이 밝고 유쾌해서 기분이 좋아진다.
나는 이곳에서 점심과 저녁을 먹을 때도 있고, 여기에 오고 싶어 카다케스에 온 적도 있다.

El Chirinquiro de la Mei 엘 치링키로 데 라 메이
비수기에는 영업을 하지 않을 때도 있다.
Add: Avinguda Victor Rahola 25, 17488, Cadaques

Dia 29.

비 오는 날은
비 오는 날대로

Vivir como el viaje
Viajar como la vida diaria

Dia 29.

Vivir como el viaje
Viajar como la vida diaria

Dia 29.

Vivir como el viaje
Viajar como la vida diaria

건강한 식재료로 만든 건강한 음식을 먹어서일까
이곳에서는 배부르게 먹고 술을 마셔도 건강해지는 느낌이다.
와이파이가 터지지 않는 곳도 많아 핸드폰을 볼 일도 없고,
생각을 많이 하지 않으려 해서 그런 걸까?
그냥 최소한의 욕구에 충실한 시간을 보내고 있다.
졸리면 자고 배가 고프면 먹고 한가하게 산책을 하고….

내가 좋아하는 일이라고는 하지만, 트렌드에 뒤처지지
않으려면 한시도 긴장을 놓쳐서는 안 되는
치열한 패션계에서 일하다 보니 나도 모르는 사이
스트레스를 받고 있었는지도 모르겠다.
그런 내게 카다케스는 이렇게 속삭인다.

"모든 걱정 근심을 내려놓고 잠시 쉬어봐.
그러면 또다시 달릴 수 있는 힘을 얻을 수 있을 거야."

조식을 먹고 체크아웃을 준비하던 중 창밖을 보니 갑자기 비가 오기 시작했다.
카다케스는 프랑스와 가깝고 바르셀로나보다 한참 북쪽에 위치해 바람도 많이 불고 꽤 춥다.
그래서 6~9월이나 4~5월이 이곳을 여행하기 적합하다고 생각한다. 나는 카다케스가 정말 좋다는
것을 알고 있지만, 처음 온 사람들은 날씨가 안 좋으면 이곳의 매력을 느끼기 힘들다.

카다케스는 살바도르 달리의 고향이자 생전에 그가 살았던 집이 있어 유명하다. 달리가 부인 갈라와
함께 노년에 살았던 집은 지중해를 끼고 있는 곳으로 무척 아기자기하고 예쁘다.
달리의 집에 들어가지 않더라도 해변을 걷거나 색색의 요트를 바라보는 것도 나름의 재미가 있다.
시간이 된다면 작은 노천 카페에서 커피 한잔 마시는 것도 근사한 추억이 될 것이다.

Casa Museu Salvador Dali
Add: Platja Portlligat, 17488, Cadaques

LLEVANT

Vivir como el viaje
Viajar como la vida diaria

카다케스에도 라탄 백이 많은데, 디자인도 다양하고 가격대도 저렴하다.
이번에도 정말 마음에 드는 것이 많았지만, 지금 가지고 있는 것도 차고 넘쳐서
선물용으로 몇 개만 구입했다. 친구도 고르고 골라 하나만 선택했다.
내게는 뭔가 하나를 선택하는 게 정말 어렵다. 이건 이래서 좋고 저건 저래서 좋기 때문이다.
그래서 쇼핑을 할 때 주관이 뚜렷하고 심지가 굳은 친구를 보면 한편으로는 부럽다.

Le Rpintemps 라 르핀템프스
Add: Carrer Vigilant, 17488, Cadaques

Sa Riera 사 리에라
Add: Plaza Frederic Rahola 2, 17488, Cuduques
Open: 월~일요일 10:00~22:00

Dia 30.

아스타 루에고
Hasta Luego

Vivir como el viaje
Viajar como la vida diaria

Dia 30.

Vivir como el viaje
Viajar como la vida diaria

집 앞에 있는 빵집으로 가서
친구가 좋아하는 바게트를 샀다.
바게트에 잼과 버터를 발라 커피와 함께
바르셀로나에서의 마지막 아침을 먹었다.

내가 슬며시 물었다.
"한국에 가는 기분이 어때?"

"집에 가니까 좋기도 하고,
바르셀로나를 떠난다는 게 아쉽기도 해.
한국을 떠나올 때는 상실감이 너무나 컸는데,
지금은 그 일들이 별게 아닌 것처럼
느껴지고 한국이 그립기도 해."

나도 그랬다. 이곳에 있으면
한국이 그리워서 가고 싶고,
한국에 가면 또 이곳이 그리워 돌아오고 싶었다.
가장 가까이 있는 것들의 소중함을
잊고 지내는 것처럼 말이다.

우리는 그렇게 무덤덤하게
만남과 헤어짐을 받아들이고 있었다.
우리의 만남과 헤어짐이 아디오스Adios(잘 가)가 아닌
아스타 루에고Hasta Luego(또 만나)임을 알기에….

이번 여행을 통해 더 많이 느끼고
그동안 몰랐던 바르셀로나의 또 다른 매력에 흠뻑 빠졌다.

지난 10년의 시간을 돌아볼 수 있었으며,
앞으로 나를 더 단단하게 이끌 수 있는 새로운 힘이 생긴 것 같아 감사하다.

여행은 그런 것이다.
새로운 것을 경험하고, 새로운 나를 발견하고, 지쳐 있는 내게
힘과 용기를 주고 새로운 나를 이끌어내는 것.
여행을 통해 나는 앞으로 한발 나아갈 것이다.

En Spain

초판 1쇄 발행 2018년 7월 18일
초판 5쇄 발행 2022년 3월 2일

지은이 도은진
발행인 황혜정
펴낸 곳 오브바이포 Of By For
전자우편 ofbyforbooks@naver.com
팩스 02-6455-9244
출판등록 2017년 9월 19일 제 25100-2017-000071호
ISBN 979-11-962055-2-2 (13980)